Md. Hakimul Haque
Md. Shahidur Rahman Khan
Md. Alimul Islam

Deteção do vírus da doença de Newcastle em frangos de carne e galinhas poedeiras

Md. Hakimul Haque
Md. Shahidur Rahman Khan
Md. Alimul Islam

Deteção do vírus da doença de Newcastle em frangos de carne e galinhas poedeiras

Imprint

Any brand names and product names mentioned in this book are subject to trademark, brand or patent protection and are trademarks or registered trademarks of their respective holders. The use of brand names, product names, common names, trade names, product descriptions etc. even without a particular marking in this work is in no way to be construed to mean that such names may be regarded as unrestricted in respect of trademark and brand protection legislation and could thus be used by anyone.

Cover image: www.ingimage.com

This book is a translation from the original published under ISBN 978-620-2-05656-4.

Publisher:
Sciencia Scripts
is a trademark of
Dodo Books Indian Ocean Ltd. and OmniScriptum S.R.L publishing group

120 High Road, East Finchley, London, N2 9ED, United Kingdom
Str. Armeneasca 28/1, office 1, Chisinau MD-2012, Republic of Moldova, Europe
Printed at: see last page
ISBN: 978-620-7-97796-3

Índice:

Deteção convencional e molecular do vírus da doença de Newcastle em frangos de carne e galinhas poedeiras

M. H. Haque[1,2*] , M.S.R. Khan[1] e M.A Islam[1]

[1]Departamento de Microbiologia e Higiene, Faculdade de Ciências Veterinárias, Universidade Agrícola do Bangladesh
, Mymensingh-2202,[2] Departamento de Ciências Veterinárias e Animais, Universidade de Rajshahi, Rajshahi-6205. Autores correspondentes email:mdhakimul.haque@griffithuni.edu.au

CAPÍTULO 1
INTRODUÇÃO

A doença de Newcastle (DN) é uma doença viral aguda altamente contagiosa das aves de capoeira domésticas, bem como de outras espécies de aves, independentemente da variação de idade e sexo (Alexander, 2003). A doença de Newcastle é causada por um vírus de ARN de cadeia simples, envelopado e de sentido negativo, *ou seja, o* vírus da doença de Newcastle (NDV), também designado por paramixovírus aviário tipo 1 (APMV-1), pertencente ao género *Rubulavirus* da subfamília *Paramyxovirinae* e à família *Paramyxoviridiae* (Barbezange e Jestin, 2005; Mayo, 2002). O genoma do NDV é constituído por 15 186 bases (de Leeuw e Peeters, 1999), que codificam seis proteínas estruturais numa única estrutura de leitura aberta (ORF) e dispostas pela ordem 3-N- P/C/V-M-F-HN-L-5' (Wilde *et al.*, 1986; Gohm *et al.*, 2000). Com base nas propriedades patogénicas e de virulência, o NDV é classificado em três estirpes patotípicas principais, *ou seja,* estirpes lentogénicas, mesogénicas e velogénicas (Beard e Hanson, 1984).

A ND surge todos os anos nas aves de capoeira poedeiras e de frangos de carne das explorações de reprodução e comerciais, sob a forma de epizootia, na maioria dos países subdesenvolvidos e em desenvolvimento, e também surge ocasionalmente sob a forma de surto esporádico nas aves de capoeira dos países desenvolvidos do mundo, provocando uma grave devastação. De todas as doenças virais das aves de capoeira, a ND foi classificada como uma doença da lista "A" pelo Gabinete Internacional de Epizootias (OIE) devido à sua elevada contagiosidade e às elevadas morbilidades e mortalidades resultantes em aves susceptíveis (Liu *et al.*, 2006). De acordo com a variação da estirpe, a taxa de morbilidade e mortalidade das aves de capoeira num bando devido à ND varia entre 90% e 100%, pelo que a indústria avícola de todo o mundo enfrenta todos os anos graves perdas económicas. A ND é também considerada uma das principais ameaças para os criadores de aves de capoeira do Bangladesh, devido à sua elevada morbilidade, mortalidade e redução da produtividade das aves de capoeira, o que resulta em perdas económicas consideráveis todos os anos desde o primeiro isolamento e identificação do vírus em 1978 no Bangladesh, por Hossain *et al.* Segundo Chowdhury *et al.* (1982), a ND é responsável, por si só, por pelo menos 40-60% da mortalidade total da população de aves de capoeira no Bangladesh.

Apesar da vacinação regular das aves de capoeira com diferentes tipos de vacinas contra o VDN (vivas e mortas), todos os anos se registam surtos graves sob a forma de epizootias entre a população de aves de capoeira urbanas e rurais deste país. A maioria dos agricultores do Bangladeche confunde a doença necrótica com outras doenças infecciosas das aves de capoeira devido à falta de métodos de diagnóstico rápidos e confirmatórios. O diagnóstico precoce da doença infecciosa das aves de capoeira é útil tanto para os grandes como para os pequenos avicultores, que podem assim adotar meios de controlo eficazes contra estas doenças, salvando as suas explorações de graves perdas económicas. Por conseguinte, é essencial desenvolver um método de diagnóstico altamente sensível e económico para o diagnóstico rápido da DN. Tradicionalmente, os métodos de diagnóstico da DN praticados no terreno no Bangladeche limitam-se muito ao registo dos sinais clínicos e dos achados post-mortem manifestados pelas aves afectadas pela DN e, recentemente, foram acrescentados métodos de diagnóstico baseados na serologia, como o teste de inibição da hemaglutinação (HIT), teste de neutralização do vírus (VNT), ensaio de imunoabsorção enzimática (ELISA), técnica de anticorpos fluorescentes (FAT), teste de neutralização por redução de placas (PRNT), teste de imunodifusão em gel de ágar (AGIDT) e isolamento do vírus. Embora os métodos acima mencionados, que estão a ser praticados aleatoriamente no terreno para o diagnóstico da DN neste país, sejam menos fiáveis e difíceis de executar devido ao elevado consumo de meios, reagentes, produtos químicos e tempo. Para o diagnóstico confirmatório da DN, a Comissão de Normas do OIE também prescreveu o isolamento do NDV utilizando ovos embrionados de galinha e cultura de células de fibroblastos de embriões de galinha (CEF), identificando depois o vírus por hemaglutinação (HA) e teste de inibição da hemaglutinação (HI) utilizando antissoro policlonal monoespecífico anti-NDV (OIE, 1996).

Embora o isolamento do vírus seguido de identificação utilizando a maioria dos testes serológicos, como ELISA, FAT, SNT, PRNT e AGIDT, sejam considerados os métodos padrão para a confirmação da doença, estes dois métodos combinados são sempre considerados morosos e dispendiosos em comparação com a deteção do genoma do vírus como método único. Por conseguinte, a deteção do genoma do VDN, tanto nas aves clinicamente doentes como nas mortas, é muito importante para o diagnóstico de confirmação precoce e rápido da doença nas aves de capoeira durante o surto da doença, em comparação com quaisquer outros métodos convencionais de diagnóstico simples ou combinados (Jestin e Jestin, 1991; Pedersen *et al.*, 2000). Entretanto, como método único de diagnóstico de confirmação, a reação em cadeia da polimerase com transcriptase reversa (RT-PCR) estabeleceu a sua posição no topo de outros métodos de teste de confirmação no campo do diagnóstico do VDN, tanto a partir do laboratório (FA, ICF e vacina) como de amostras de campo (Jestin e Jestin, 1991; Stauber *et al*, 1995; Singh *et al.*, 2005; Kant *et al.*, 1997; Gohm *et al.*, 2000; Creelan *et al.*, 2002; Meulemans *et al.*, 2002; Mathivanan *et al.*, 2004, Krzysztof *et al.*, 2006). Devido à elevada especificidade, sensibilidade e rapidez da RT-PCR no domínio da deteção do genoma do vírus, as diferentes formas de RT-PCR tornaram-se populares em todo o mundo. Assim, a utilização da RT-PCR direta pode ser considerada como uma ferramenta altamente sensível, rápida, económica e confirmatória para o diagnóstico da doença necrótica, em comparação com outros métodos convencionais de diagnóstico, tanto a partir de amostras clínicas como post-mortem de aves doentes e mortas nas explorações agrícolas do Bangladesh.

Até à data, não existem informações disponíveis sobre a utilização da RT-PCR como teste fácil, rápido e confirmatório para a deteção do genoma do NDV nas aves afectadas no Bangladesh.

Por conseguinte, o presente trabalho de investigação foi realizado com os seguintes objectivos

    (1) Isolamento do NDV a partir de amostras clínicas e post-mortem de frangos de carne e galinhas poedeiras naturalmente infectados.

    (2) Re-isolamento do NDV das amostras clínicas e post-mortem de frangos de carne e galinhas poedeiras infectados experimentalmente.

(3) Estabelecimento da RT-PCR como um método de deteção rápida do genoma
do NDV a partir de amostras clínicas e post-mortem de frangos de carne e
galinhas poedeiras infectados natural ou experimentalmente.

CAPÍTULO 2
REVISÃO DA LITERATURA

A revisão da literatura é apresentada com o objetivo de obter informações relevantes para o trabalho de investigação em curso. Para uma melhor apresentação, a literatura relacionada com o presente estudo foi revista nos seguintes subtítulos:

2.1 Isolamento do NDV a partir de amostras de campo

Biancifiori e Fioroni (1983) isolaram o vírus da doença de Newcastle (NDV) de pombos durante os surtos de 1982 em Itália e foram investigadas estirpes patogénicas e não patogénicas de referência do NDV.

Islam *et al.* (1994) isolaram o vírus da doença de Newcastle (NDV) de diferentes tecidos de uma codorniz japonesa (*Cotornix cotornix japonica*) no Japão.

Kamaraj *et al.* (1998) isolaram e caracterizaram cinco NDV de aves doentes e aparentemente saudáveis.

King e Seal (1998) isolaram cinquenta e sete vírus da doença de Newcastle (NDV) de galinhas, perus, uma ema, um papagaio e uma anhinga.

Brown *et al.* (1999) isolaram três vírus velogénicos viscerotrópicos diferentes da doença de Newcastle (VVNDV) de galinhas.

Brown *et al.* (1999) descreveram nove isolados do vírus da doença de Newcastle, representando todos os patotipos.

Kou *et al.* (1999) isolaram três estirpes do vírus da ND de galinhas e de uma coruja em Taiwan.

Mishra *et al.* (2000) isolaram três NDV de galinhas, pintadas e pombos. Os autores verificaram que os VDN isolados de galinhas e pintadas eram viscerotrópicos velogénicos, enquanto o isolado de pombo era mesogénico.

Murakawa *et al.* (2000) isolaram o vírus da doença de Newcastle (NDV), denominado MET95, de um bando de frangos de carne não vacinados no Japão, em 1995. Determinou-se que a estirpe MET95 era um NDV lentogénico.

Roy *et al.* (2000) isolaram seis vírus da doença de Newcastle (NDV) de galinhas de cinco explorações diferentes e de aves de uma exploração de patos durante surtos da doença, em 1993, em Tamilnadu, na Índia. Os autores caracterizaram os isolados como velogénicos.

Huovilainen *et al.* (2001) isolaram oito estirpes de paramixovírus aviário tipo 1 (PMV-1) na Finlândia durante as últimas três décadas.

Ke *et al.* (2001) isolaram estirpes velogénicas de vírus da doença de Newcastle em Taiwan.

Yu *et al.* (2001) isolaram sete vírus da doença de Newcastle (NDV), que foram recuperados de surtos de ND em bandos de galinhas e pombos na China e em Taiwan entre 1996 e 2000.

Capua *et al.* (2002) isolaram o vírus virulento da doença de Newcastle de aves de capoeira criadas industrialmente, de bandos de comerciantes e de bandos de quintal, com um total de 254 focos. Entre as consequências da epidemia de gripe aviária de alta patogenicidade que afectou a Itália entre 1999 e 2000, conta-se uma epidemia de doença de Newcastle no norte e no centro da Itália.

Manin *et al.* (2002) isolaram o vírus da doença de Newcastle (NDV) na exploração avícola Russko-Vysotskaya, na região de Leninegrado.

Noguera *et al.* **(2002)** isolaram uma estirpe velogénica viscerotrópica de NDV da Venezuela.

Peroulis *et al.* **(2002)** isolaram o vírus da doença de Newcastle obtido em Victoria de 1976 a 1999.

Kwon *et al.* **(2003)** isolaram vinte e três estirpes do vírus da doença de Newcastle (NDV) entre 1988 e 1999 na República da Coreia.

Liu *et al.* **(2003)** isolaram vinte e nove estirpes do vírus da doença de Newcastle (NDV) de bandos de galinhas e gansos em várias regiões da China durante o sítio 19852001. Todas estas estirpes, exceto uma, eram velogénicas.

Ujvari *et al.* **(2003)** isolaram 68 estirpes de paramixovírus aviário tipo 1 de pombos (PPMV-1), uma variante antigénica do vírus da doença de Newcastle (NDV) das galinhas, provenientes de 16 países entre 1978 e 2002.

Peroulis e O'Riley (2004) isolaram paramixovírus aviários e outros vírus hemaglutinantes de patos selvagens, pombos, codornizes e outras aves selvagens em Vitória.

Abolnik *et al.* **(2004)** isolaram um paramixovírus velogénico e lentogénico típico de camadas perto de Mooi River, África do Sul.

Otim *et al.* **(2004)** isolaram o vírus velogénico da doença de Newcastle de galinhas no leste do Uganda em 2001.

Tsai *et al.* **(2004)** isolaram 36 vírus ND (NDV) de três grandes epidemias de doença de Newcastle (ND) ocorridas em Taiwan nas últimas três décadas (em 1969, 1984 e 1995).

Kinde *et al.* **(2005)** afirmaram que um total de 27 688 esfregaços de cloaca e traqueia (orofaríngea) e/ou tecidos de 86 espécies aviárias diferentes, com exceção das galinhas e dos perus, foram submetidos a isolamento para deteção do vírus da doença de Newcastle (VDN) durante os primeiros 11 meses da epidemia de doença exótica de Newcastle (END) de 2002-2003 em galinhas no sul da Califórnia. Cinquenta e sete espécimes (0,23%), representando 12 espécies de aves e 13 espécies não especificadas, de um total de 24 409 adesões ou submissões, foram positivos para o NDV.

Toro *et al.* **(2005)** isolaram o pigeon paramyxovirus-1 (PPMV-1) de pombos do centro-leste do Alabama.

Barlic *et al.* **(2005)** isolaram Paramixovírus do tipo 1 (PMV-1) de pombos.

Kumanan *et al.* **(2005)** isolaram cinco vírus da doença de Newcastle (NDV) de pombos. Verificou-se que quatro dos cinco isolados eram velogénicos e que o isolado lentogénico era idêntico à estirpe LaSota.

Seal *et al.* **(2005)** isolaram variantes do paramixovírus aviário 1 (APMV-1) de baixa virulência, também conhecido como vírus da doença de Newcastle (NDV), de galinhas, patos e outras espécies não identificadas encontradas em mercados de aves vivas no nordeste dos Estados Unidos.

Zanetti *et al.* **(2005)** isolaram sete vírus da DN, que foram caracterizados como estirpes apatogénicas por métodos biológicos e moleculares.

Liu *et al* **(2006)** isolaram catorze vírus da doença de Newcastle (NDV) de pombos doentes na China entre 1996 e 2005. Verificaram que a maioria dos isolados eram mesogénicos, um velogénico e uma estirpe lentogénica.

2.2 Caracterização biológica do vírus da doença de Newcastle

Kida e Yanagawa (1981) classificaram 17 paramixovírus aviários, constituídos por 10 estirpes de referência e sete isolados por imunodifusão, em seis espécies, com base na especificidade antigénica dos seus antigénios da proteína M (MP). Referiram também que a especificidade antigénica dos seus antigénios MP constituía uma base para a sua classificação em tipos.

Takehara *et al.* (1987) caracterizaram os vírus da doença de Newcastle isolados de casos de campo no Japão. Clonaram sete vírus da doença de Newcastle de isolados de 1930-1984 em fibroblastos de embriões de galinha e caracterizaram-nos biologicamente. Observaram que todas as sete estirpes produziam dois ou mais tipos de placas em CEFs. Também caracterizaram os vírus biologicamente através da determinação do teste HA.

Roy e Venugopalan (1999) detectaram o antigénio específico do vírus da doença de Newcastle (VDN) em tecidos de galinha, embriões e amostras de líquido alantóico. As amostras positivas por isolamento do vírus foram também consideradas positivas por testes de hemaglutinação (HA) e de inibição da hemaglutinação (HI).

Reynolds e Maraqa (1999) desenvolveram cinco linhas celulares contínuas, como a testicular de suíno (ST), o tumor rectal humano (HRT 18), o rim fetal de macaco rhesus (MA104), o corneto bovino (BT) e a traqueia de codorniz (QT35), que foram avaliadas e comparadas com fibroblastos de embrião de galinha quanto à sua capacidade de propagar as estirpes B1 ou Texas GB do vírus da doença de Newcastle. A estirpe NDV Texas GB replicou-se em todas as linhas celulares contínuas. Assim, sugeriram que a linha celular ST poderia ser utilizada como alternativa aos CEF.

Mishra *et al.* (2000) caracterizaram três isolados de NDV, provenientes de galinhas, pintadas e pombos. Os autores verificaram que os isolados de galinha e de pintada eram viscerotrópicos velogénicos, enquanto o isolado de pombo era mesogénico e todos os três isolados tinham propriedades hemaglutinantes semelhantes.

Murakawa *et al.* (2000) isolaram o vírus da doença de Newcastle denominado MET95 de um bando de frangos de carne não vacinados no Japão, em 1995. Foi determinado que a estirpe MET95 era um NDV lentogénico. Observaram que a estirpe tem atividade hemaglutinante com eritrócitos de galinha. Verificaram que as galinhas inoculadas com a estirpe MET95 tinham uma resposta de anticorpos de inibição da hemaglutinação muito mais elevada do que as inoculadas com a estirpe B1.

Manin *et al.* (2002) estudaram um isolado de campo do NDV, que foi isolado na exploração avícola Russko-Vysotskaya, na região de Leninegrado. Após uma passagem em embriões de galinha SPF, o título de HA do líquido alantóico foi de 1:512 e reagiu apenas com o antissoro específico do NDV no teste HI.

Chen e Wang (2002) descreveram as formas virulentas do vírus da doença de Newcastle que causaram uma doença devastadora nas aves de capoeira entre 1998 e 2000 em Taiwan. Investigaram os possíveis factores causadores destes surtos através de métodos serológicos e virológicos. Foram medidos os títulos de inibição da hemaglutinação do vírus da doença de Newcastle em amostras de soro obtidas numa exploração de criação e numa exploração de frangos de carne. Os dados serológicos revelaram a presença contínua de vírus virulentos da doença de Newcastle no campo durante os períodos entre surtos.

Peroulis e O'Riley (2004) isolaram e caracterizaram paramixovírus aviários e outros vírus hemaglutinantes de patos selvagens, pombos, codornizes e outras aves selvagens em Vitória. Recolheram amostras traqueais e cloacais, processaram-nas e, por fim, cultivaram-nas em ovos embrionados. Os isolados virais foram caracterizados com base na sua atividade de hemaglutinação e de inibição da hemaglutinação, utilizando um painel de anti-soros específicos.

Ezeibe e Ndip (2005) determinaram o tempo de eluição de estirpes velogénicas, mesogénicas e lentogénicas do vírus da doença de Newcastle e calcularam as diferenças no seu tempo de eluição. Foram utilizadas quatro amostras, cada uma de uma estirpe velogénica (VGF2), uma estirpe mesogénica (Komarov) e uma estirpe lentogénica (LaSota) para o teste de hemaglutinação com 0,6% de glóbulos vermelhos de galinha.

Seal *et al.* (2005) caracterizaram o APMV-1 através do ensaio de inibição da hemaglutinação (HI) utilizando antissoro policlonal específico de NDV isolado de galinhas, patos e outras espécies não identificadas encontradas em mercados de aves vivas do nordeste dos Estados Unidos.

Alexander *et al.* (2006) descreveram a suscetibilidade de galinhas de seis semanas de idade, isentas de agentes patogénicos específicos, que foram infectadas por via intranasal com a estirpe virulenta de NDV Herts 33/56 e os níveis de concentração de vírus no sangue, fezes, músculo peitoral, músculo da perna e um conjunto de coração/rim/baço foram estimados em aves infectadas em cada dia após a inoculação. Os títulos mais elevados foram registados no quarto dia após a inoculação, quando os títulos de vírus eram de 10(6) doses infecciosas medianas de ovos EID50/g no pool coração/rim/baço, 10(4,2) EID50/g no músculo da perna e 10(4) EID50/g no músculo peitoral e nas fezes. A dose infecciosa oral mediana da estirpe Herts 33/56 do vírus da doença de Newcastle para frangos com 3 semanas de idade foi estimada como sendo equivalente a 10(4) EID50.

2.3 Caracterização molecular do vírus da doença de Newcastle

Kou *et al.* (1999) isolaram o vírus ND de galinhas e de uma coruja para fornecer informações sobre a epidemiologia da doença de Newcastle das aves de capoeira em Taiwan. Investigaram a ND através da análise dos sítios de restrição e da sequenciação do seu gene. Um fragmento de 1.349 bases do gene F foi amplificado por transcrição reversa - reação em cadeia da polimerase. Os produtos de PCR foram analisados utilizando endonucleases de restrição, HinfI, BstOI e RsaI.

Schelling *et al.* (1999) recolheram amostras de sangue e esfregaços cloacais de aves de capoeira em 107 pequenos bandos de galinhas e 62 bandos de aves de capoeira de raça pura para determinar o seu estado relativamente à infeção pelo vírus da doença de Newcastle (NDV). As zaragatoas cloacais foram submetidas a uma reação em cadeia da polimerase com transcrição reversa (RT-PCR) para deteção do genoma do VDN.

Nanthakumar *et al.* (2000) estabeleceram a técnica de RT-PCR e de análise por enzimas de restrição para detetar e diferenciar os vírus da doença de Newcastle. A digestão do produto amplificado por RT-PCR e das sequências do gene F que codificam os locais de ativação da clivagem da proteína de fusão com as enzimas de restrição AluI, BglI, HaeIII, HinfI, HhaI, RsaI, StyI e TaqI foi efectuada para caraterizar os vírus da doença de Newcastle de patogenicidade variável. A digestão por enzimas de restrição dos amplicões por BglI e HhaI permitiu agrupar oito vírus, tanto isolados no terreno como estirpes vacinais conhecidas, em patótipos lentogénicos, mesogénicos e velogénicos. Ao empregar esta técnica diretamente numa amostra clínica, foi possível detetar o vírus da doença de Newcastle do patotipo lentogénico.

Kho *et al.* (2000) descreveram uma RT-nested PCR sensível e específica associada a um sistema de deteção ELISA para a deteção do NDV. Foram concebidos dois pares de primers nested altamente específicos para os três patotipos diferentes do NDV. Com base na deteção por eletroforese em agarose, a PCR com nested RT foi cerca de 100 vezes mais sensível do que uma RT-PCR sem nested e um método de deteção ELISA com produtos amplificados da PCR demonstrou ser dez vezes mais sensível do que a eletroforese em gel. A eficácia da nested PCR-ELISA foi também comparada com o método de deteção convencional do NDV (teste HA) e com a RT-PCR não aninhada, através de testes efectuados num total de 35 amostras de tecido, tendo a RT-nested PCR ELISA sido positiva em 21 (60%) amostras de tecido, enquanto apenas oito (22,9%) e duas (5,7%) foram positivas tanto pela RT-PCR não aninhada como pelo teste HA, respetivamente.

Gohm *et al.* (2000) estabeleceram a reação em cadeia da polimerase com transcrição reversa (RT-PCR) com ARN extraído de amostras de tecidos e fezes provenientes de galinhas infectadas experimentalmente e por contacto para o diagnóstico rápido do NDV. A conjuntiva, o pulmão, a amígdala cecal e o rim revelaram-se os órgãos mais adequados. Nos animais infectados, o NDV foi detectado com maior frequência entre os dias 4 e 6 após a infeção. Os animais infectados por contacto apresentaram resultados mais positivos entre os dias 6 e 13 após a exposição. A RT-PCR também foi capaz de detetar de forma reprodutível o NDV em amostras fecais.

Gould *et al.* (2001) afirmaram que a análise da sequência genética dos motivos de clivagem do gene F e das sequências de extensão carboxil-terminal HN foi utilizada para analisar os vírus da doença de Newcastle associados a surtos virulentos da doença, que ocorreram em New South Wales, Austrália, em 1998-2000. Os fragmentos de PCR foram amplificados diretamente a partir de tecido doente ou de fluidos alantóicos e as análises das sequências foram utilizadas para comparações filogenéticas entre estes vírus e o NDV de referência australiano. A comparação das sequências dos genes F e HN revelou uma forte relação com as sequências derivadas do VDN endémico australiano e não com as dos vírus do estrangeiro ou dos isolados de aves selvagens. Antes da notificação do surto de 1998, foi isolado um NDV de frangos que sofriam de doença respiratória que parecia ser o vírus progenitor do qual se originou o vírus virulento. Por sua vez, estes vírus estão estreitamente relacionados com dois vírus "ancestrais" previamente isolados que possuem a mesma sequência única de extensão HN.

Huovilainen *et al.* (2001) isolaram oito estirpes de paramixovírus aviário de tipo 1 na Finlândia durante as últimas três décadas. Estudaram o PMV-1 com RT-PCR e subsequente análise da sequência da região de 208 nucleótidos que cobre o local de clivagem da proteína de fusão (F). A heterogeneidade genética e antigénica das estirpes foi significativa.

Ke *et al.* (2001) efectuaram a caraterização molecular de vírus da doença de Newcastle isolados de Taiwan. Os autores amplificaram uma parte dos genes F e HN do NDV através de uma reação em cadeia da polimerase com transcrição reversa (RT-PCR). A proteína F desempenha um papel importante na determinação da virulência das estirpes de NDV. A análise das sequências de aminoácidos deduzidas do local de clivagem da proteína F mostrou que todos os isolados eram vírus velogénicos.

Wang *et al.* (2001) desenvolveram uma RT-PCR tripla numa só etapa para rastrear e diferenciar os isolados virulentos dos avirulentos do vírus da doença de Newcastle (NDV). Foram concebidos três conjuntos de oligonucleótidos, cada um deles específico para amplificar o ARN específico do gene da proteína de fusão do NDV de isolados virulentos, avirulentos ou de todos os isolados, respetivamente. A sensibilidade da RT-PCR numa só etapa foi determinada utilizando ARN viral extraído de líquido alantóico infetado com NDV diluído em série, tendo-se verificado que era de 10(-5) unidades HA. A aplicação da RT-PCR de uma etapa a várias amostras de NDV, incluindo isolados virulentos de tipo selvagem e estirpes vacinais avirulentas, demonstrou o potencial para a identificação rápida (3 - 4 h) de isolados de NDV, bem como para a diferenciação de estirpes virulentas de avirulentas.

Peroulis *et al.* (2002) caracterizaram isolados do vírus da doença de Newcastle obtidos em Victoria de 1976 a 1999 e identificaram a diversidade do sinal de clivagem F0. Foi efectuada uma RT-PCR utilizando ARN viral extraído de líquido alantóico NDV positivo para amplificar um segmento dos genes F e HN do NDV. Foi efectuada a caraterização molecular das sequências de nucleótidos e de aminoácidos no local de clivagem F0.

Barbezange e Jestin (2002) praticaram uma RT-nested PCR que amplifica parte do gene conservado da nucleoproteína do vírus da Paramixo aviário tipo 1. A técnica permitiu a deteção do vírus do Paramixovírus do pombo tipo 1 (pPMV-1) diretamente a partir de uma vasta gama de órgãos de galinhas e pombos infectados, bem como do NDV típico. A RT-nested PCR desenvolvida foi considerada mais sensível, uma vez que foi capaz de detetar o genoma do vírus em órgãos de pombo na fase tardia da infeção, quando o isolamento do vírus falhou.

Creelan *et al.* (2002) referiram que o desenvolvimento e a aplicação de um teste RT-PCR numa só fase, associado a REA, constituíam um método rápido e específico para a deteção e a tipagem do APMV-1 a partir de amostras de campo. A amplificação de fragmentos de ácidos nucleicos específicos do serótipo 1 do paramixovírus aviário (APMV-1), seguida de análise por endonuclease de restrição (REA) utilizando BglI, foi efectuada para a tipagem de estirpes de acordo com a sua virulência. Foram utilizadas sequências de iniciadores para amplificar um fragmento de 202 pares de bases, englobando o local de clivagem da proteína de fusão, num teste de reação em cadeia da polimerase com transcriptase reversa (RT-PCR) de uma etapa para a dctcção de uma série de casos de campo e estirpes de referência do APMV-1. A subsequente REA dos fragmentos amplificados permitiu a diferenciação de estirpes de campo lentogénicas pouco virulentas e de estirpes vacinais de estirpes de campo mesogénicas e velogénicas mais virulentas de APMV-1, incluindo o PMV-1 dos pombos.

Subramanian *et al.* (2004) estabeleceram uma reação em cadeia da polimerase com transcrição reversa, utilizando iniciadores específicos para o gene S1 do vírus da bronquite infecciosa e para o local de clivagem da proteína de fusão do vírus da doença de Newcastle, para a deteção dos genomas do IBV e do NDV. A sensibilidade da RT-PCR do IBV e do NDV foi de 10(3,7) e 10(3,0) EID50, respetivamente. Embora uma RT-PCR multiplex pudesse detetar e diferenciar os genomas do NDV e do IBV presentes na mesma amostra, verificou-se uma ligeira inibição da PCR do IBV se uma grande quantidade de genoma do NDV estivesse presente na amostra. Para ultrapassar este problema, foi utilizada uma PCR separada para cada vírus, a fim de avaliar a interação entre o IBV e o NDV vacinais, inoculados isoladamente ou em conjunto nos frangos.

Tan *et al.* (2004) desenvolveram uma reação em cadeia da polimerase em tempo real SYBER Green I em duas fases para a deteção do NDV. Foi efectuada uma análise da curva de fusão para distinguir produtos específicos de produtos não específicos e dímeros de iniciadores. Independentemente dos diferentes patotipos de vírus, a temperatura de fusão variou entre 86º C e 87º C. A sensibilidade da PCR em tempo real foi comparada com a do ensaio de imunoabsorção enzimática por PCR com transcrição reversa. Enquanto o limite de deteção da PCR em tempo real foi de 10 pg de ADN, o ELISA da RT-nested PCR e a PCR convencional só conseguiram detetar até 1 ng e 10 ng de ADN, respetivamente. Assim, a PCR em tempo real oferece um método sensível, rápido e conveniente para o rastreio de um grande número de amostras de NDV.

Tiwari *et al.* (2004) descreveram a RT-PCR baseada em iniciadores degenerados, que é utilizada para a deteção e diferenciação do NDV. Utilizaram dois conjuntos de iniciadores (A+B e A+C), com um iniciador direto comum e iniciadores degenerados inversos distintos, concebidos a partir do gene da proteína de fusão que codifica o local de clivagem. Ambos os conjuntos de iniciadores amplificaram a sequência do gene "F" dos vírus virulentos, ao passo que, nas estirpes avirulentas, a amplificação foi efectuada apenas com o conjunto de iniciadores A+C. Foram controlados um total de 10 isolados de NDV e duas amostras clínicas, incluindo patotipos conhecidos e desconhecidos. Com base nos resultados da amplificação, verificou-se que 5 vírus eram de tipo virulento e 6 de tipo avirulento, tendo uma das duas amostras clínicas, anteriormente positiva por RT-PCR utilizando iniciadores específicos do gene "F" não degenerado, sido considerada negativa.

Wise *et al.* (2004) desenvolveram uma PCR de transcrição inversa em tempo real para detetar o NDV a partir de amostras clínicas de aves. O ensaio utiliza um protocolo de tubo único com sondas de hidrólise fluorogénicas. Os primers e sondas de oligonucleótidos foram concebidos para detetar sequências de uma região conservada do gene da proteína da matriz que reconheceu um conjunto diversificado (n = 44) de isolados de APMV-1. Um segundo conjunto de iniciadores-sondas foi direcionado para sequências no gene da proteína de fusão que codificam o local de clivagem e detectam isolados de NDV potencialmente virulentos. Um terceiro conjunto, também dirigido contra o gene M, era específico para o genótipo norte-americano pré-1960. Os conjuntos de sondas do gene M do APMV-1, do gene M pré-1960 da América do Norte e do gene F foram capazes de detetar aproximadamente 10(3), 10(2) e 10(4) cópias do genoma, respetivamente, com ARN transcrito in vitro. Ambos os ensaios do gene M foram capazes de detetar aproximadamente 10(1) doses infecciosas de 50% de ovos (EID50), enquanto o ensaio do gene F detectou aproximadamente 10(3) EID50. Globalmente, obteve-se uma correlação positiva entre os resultados da RRT-PCR e o isolamento do vírus para o NDV a partir de amostras clínicas.

Singh *et al.* **(2005)** afirmaram que foi colhido um total de 30 amostras de campo (27 amostras de tecido, incluindo traqueia, pulmões ou cérebro, e 3 amostras de líquido alantóico) de frangos de carne para deteção do vírus da doença de Newcastle por RT-PCR. Além disso, as estirpes vacinais (F, LaSota, R B) foram utilizadas como controlo positivo e a traqueia de aves saudáveis não vacinadas como controlo negativo. O vírus da doença de Newcastle foi detectado em cinco amostras de campo, bem como em todas as estirpes vacinais por RT-PCR. Todas estas amostras, bem como as estirpes vacinais, produziram uma banda de 356 pb na amplificação da região F do NDV. Três outras amostras de campo produziram uma banda de 216 pb com a PCR aninhada, o que faz com que um total de oito amostras de campo sejam positivas para o NDV. Os resultados do presente estudo indicaram que a RT-PCR seguida de PCR aninhada pode ser utilizada para detetar o NDV diretamente a partir de amostras de tecido de aves de capoeira.

Barlic *et al.* **(2005)** analisaram geneticamente o PMV-l, que é isolado de pombos. Uma parte dos genes da proteína de fusão e da proteína matriz foram amplificados e sequenciados, tendo sido determinadas sequências de aminoácidos típicas associadas à virulência no local de clivagem da proteína de fusão em todos os isolados de PMV-1. Todas as estirpes eslovenas de PMV-1 de pombos partilham uma elevada semelhança de sequência de aminoácidos com outras estirpes de pombos. Na árvore filogenética, estão agrupadas juntamente com isolados de PMV-1 de pombos com patogenicidade moderada. A análise filogenética obtida a partir dos alinhamentos dos genes da proteína de fusão e da proteína matriz mostrou a mesma ordem de ramificação. Verificou-se que os vírus que circulam entre os pombos formam uma linhagem única de estirpes virulentas de NDV.

Crossley *et al.* **(2005)** desenvolveram um sistema de reação em cadeia da polimerase com transcriptase reversa em tempo real de elevado rendimento durante o surto de doença exótica de Newcastle de 2002-2003 no sul da Califórnia, para o diagnóstico e a vigilância de grandes amostras. Os métodos de extração de ARN de 96 poços, utilizando tecnologia de esferas magnéticas, combinados com um ensaio RRT-PCR de 96 poços, permitiram que um técnico processasse e testasse mais de 400 amostras por dia. A sensibilidade diagnóstica do ensaio RRT-PCR de elevado rendimento foi de 0,9967 (95% CI 0,99370,9997) com base em 926 amostras positivas confirmadas por isolamento do vírus.

Kinde *et al.* **(2005)** estudaram o isolamento e a caraterização do NDV durante os primeiros 11 meses da epidemia de doença exótica de Newcastle (END) de 2002-2003 em galinhas no sul da Califórnia. Foi utilizado um total de 27.688 pools de esfregaços cloacais e traqueais (orofaríngeos) e/ou pools de tecidos de 86 espécies aviárias diferentes, para além de galinhas e perus. Cinquenta e sete espécimes (0,23%), representando 12 espécies de aves e 13 espécies não especificadas, de um total de 24 409 acessos ou submissões, foram positivos para o NDV. O isolado de NDV foi caracterizado por transcrição reversa em tempo real - reação em cadeia da polimerase.

Pham *et al.* **(2005)** estabeleceram um método baseado na análise da curva de fusão SYBR Green I da PCR em tempo real do gene da proteína de fusão (F) para detetar e diferenciar rapidamente os isolados de NDV. O limite de deteção da PCR em tempo real foi de 9 x 10(2) cópias de plasmídeos e foi 100 vezes mais sensível do que a PCR convencional. Trinta e oito estirpes de referência do NDV foram rapidamente identificadas pelas suas temperaturas de fusão distintas (T (m) s): 89,23 +/- 0,27 graus C para as estirpes velogénicas, 90,17 +/- 0,35 graus C para as estirpes mesogénicas de pombos, 91,25 +/- 0,14 graus C para duas estirpes lentogénicas (B1 e Ishii). Não foi detectada qualquer amplificação em amostras de ARN não relacionadas através deste método. Esta PCR em tempo real detectou diretamente o NDV a partir de tecidos infectados e eliminou a etapa de eletroforese em gel para analisar o produto da PCR utilizando brometo de etídio. O tempo total de uma execução da PCR foi inferior a 1 hora. Os resultados mostraram que a PCR em tempo real se apresentou como um bom teste de rastreio para a identificação do NDV.

Pham *et al.* **(2005)** desenvolveram um sistema de diagnóstico baseado no ensaio de amplificação isotérmica mediada por laço para a deteção rápida, simples e sensível do NDV diretamente a partir de isolados de culturas, bem como de amostras clínicas. Ao utilizar um conjunto de iniciadores específicos que visam o gene da proteína de fusão, o ensaio LAMP amplificou rapidamente o gene alvo em 2 horas, necessitando apenas de um banho-maria normal de laboratório ou de um bloco térmico para a reação. Os resultados obtidos a partir do teste dos genomas de 38 estirpes de NDV, de outros vírus diferentes e de amostras clínicas de galinhas infectadas experimentalmente mostraram que o LAMP era tão sensível e específico como a PCR aninhada. Todas as amostras LAMP-positivas foram positivas por nested PCR. O ensaio LAMP é mais rápido do que a nested PCR, económico e fácil de executar.

Perozo *et al.* **(2006)** descreveram a viabilidade da utilização de papéis de filtro da Flinders Technology Associates (cartões FTA) para recolher amostras de líquido alantóico e de tecido de galinha para a deteção molecular do vírus da doença de Newcastle (NDV). Foi utilizada a extração de ARN com Trizol e a reação em cadeia da polimerase com transcriptase reversa (RT-PCR) numa única fase. Os cartões FTA permitiram a identificação do NDV a partir do líquido alantóico com um título de 10(5,8) doses letais embrionárias medianas/ml. O vírus inactivado permaneceu estável nos cartões durante 15 dias. O NDV foi detectado a partir de impressões FTA da traqueia, do pulmão, da amígdala cecal e das fezes cloacais de aves infectadas experimentalmente. A deteção por RT-PCR a partir de cartões FTA foi confirmada por RT-PCR homóloga de tecidos congelados e pelo isolamento do vírus. A sequência direta de nucleótidos do gene F amplificado permitiu prever a virulência do NDV.

Li *et al.* **(2006)** amplificaram o gene F da estirpe HeB02 do NDV, tendo sido concebido um par de iniciadores de acordo com a sequência do GenBank, e foi obtido um fragmento do gene F de 1,66 kb por RT-PCR. A análise da sequência indicou que as homologias da sequência de nucleótidos da estirpe HeB02 com as das estirpes F48 E9, La Sota e Clone30 eram de 88,1%, 84,9% e 83,8%, respetivamente. Imunizaram galinhas SPF com 3 semanas de idade, por via subcutânea, duas vezes na semana 0 e na semana 3, com 50 microg de ADN do plasmídeo pSV-F por electroporação. 5 semanas mais tarde, todas as galinhas foram desafiadas com 100 x EID50 da estirpe HeB02 do NDV, 1 semana após o desafio, todas as galinhas foram amostradas por esfregaço da laringe para isolar o vírus e o nível HI do NDV foi medido. Os resultados indicaram que o isolamento do vírus foi negativo em todas as galinhas vacinadas e positivo em todas as galinhas de controlo.

Krzysztof *et al.* **(2006)** descreveram a RT-PCR para a deteção do NDV em fluidos alantóicos de ovos embrionados SPF, bem como em tecidos de galinhas SPF infectadas experimentalmente. O método revelou-se específico, uma vez que todos os VDN testados foram detectados e não se observou qualquer reação cruzada com outros vírus ARN. A sensibilidade do método foi estabelecida em $10,5ELD_{50/0},1ml$. Para detetar o NDV nos tecidos das galinhas, as galinhas SPF foram inoculadas com $10,5EID_{50}$ de 3 estirpes de referência do NDV: La sota (lentogénica), Roakin (mesogénica) e Itália (variante velogénica do pombo) e 5 dias após a infeção foram colhidas assepticamente várias amostras de tecido, seguidas de RT-PCR e isolamento do vírus em embriões SPF. Os resultados revelaram uma elevada concordância: 93% (La sota e Itália) a 100% (Roakin) entre os dois métodos.

Wambura *et al.* **(2006)** utilizaram suspensões de vírus sem extração de ARN como modelos de RT-PCR para a deteção do vírus da doença de Newcastle. O fluido alantóico (FA) e o sobrenadante de cultura celular (CCS) obtidos de ovos ou células infectados com a estirpe I-2 do NDV foram processados por diferentes métodos de preparação de modelos de ARN para utilização direta em RT-PCR. Os resultados mostraram que a utilização de CCS não diluída sem extração de ARN ou outro tratamento como modelo produziu um sinal positivo, ao passo que a utilização direta de AF não diluída não produziu qualquer sinal. Quando foram utilizadas alíquotas de cada diluição da amostra, foi detectado um produto de amplificação a partir da diluição 1:10 da FA e da CCS, ao passo que não foram amplificados quaisquer produtos de PCR a partir da FA e da CCS na diluição 1:100. Tanto a FA como a CCS fervidas e não diluídas produziram sinais positivos quando foram utilizadas como modelos para RT-PCR.

CAPÍTULO 3
MATERIAIS E MÉTODOS
3.1 Breve descrição do projeto experimental

O trabalho de investigação foi realizado no laboratório do Departamento de Microbiologia e Higiene da Universidade Agrícola do Bangladesh, em Mymensingh, entre julho de 2006 e abril de 2007, para estabelecer um método de diagnóstico rápido, específico e sensível para a deteção do genoma do vírus da doença de Newcastle (NDV) a partir de amostras clínicas e post-mortem de galinhas poedeiras e frangos de carne infectados. Todo o estudo foi dividido em duas etapas principais. Na primeira etapa, foram utilizados métodos convencionais de deteção do NDV, utilizando amostras clínicas como esfregaço traqueal, esfregaço cloacal e soro, e amostras post mortem de baço, pulmão, cólon e cérebro. Na segunda etapa, foi utilizado um método molecular para a deteção do VDN em amostras clínicas e post mortem. Para os métodos convencionais de diagnóstico, as amostras clínicas e as amostras post mortem foram colhidas assepticamente de galinhas poedeiras e frangos de carne naturalmente e experimentalmente infectados. O isolamento do vírus de cada amostra foi efectuado por inoculação em embriões de aves e em culturas de células de fibroblastos de embriões de galinha (CEF). Por último, a deteção do VDN no líquido alantóico (FA) e no líquido de cultura celular (FCI) infetado foi efectuada através dos testes HA, HI e AGID. No método molecular, o ARN viral foi extraído e a RT-PCR foi efectuada utilizando iniciadores específicos do tipo de NDV para obter um tamanho específico de amplicon, que é o positivo para o NDV. O tamanho idêntico do produto de amplificação da PCR, tanto nas amostras desconhecidas como nas amostras de controlo positivo do NDV, foi confirmado por eletroforese em gel de agarose a 2% com brometo de etídio.

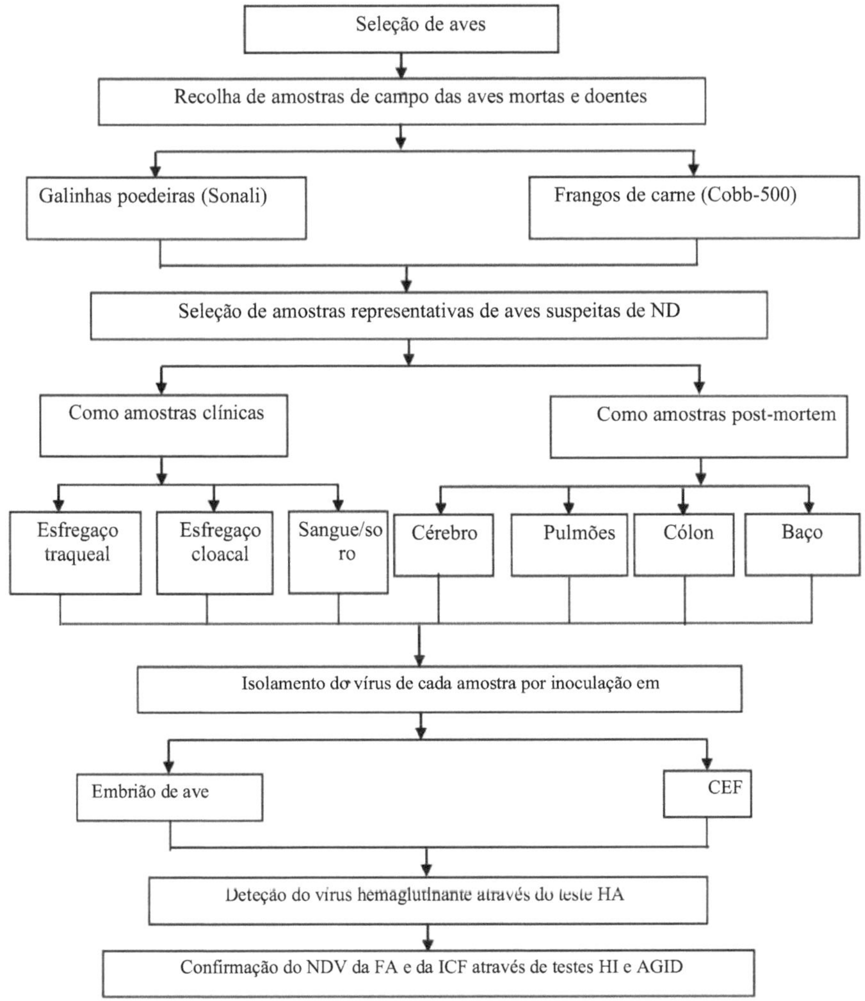

Fig. 1. Fluxograma que mostra o desenho experimental dos métodos convencionais de deteção do VDN

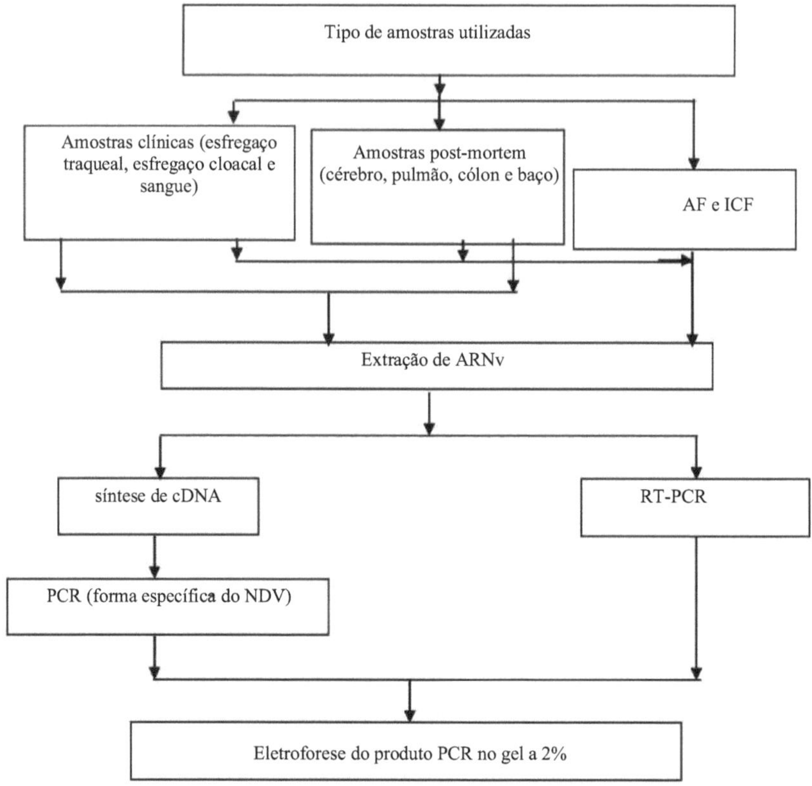

Figura 2. Método molecular de deteção do NDV

3.2 Materiais
3.2.1 Recolha de amostras

Foram colhidas assepticamente 20 amostras clínicas (esfregaço traqueal, esfregaço cloacal e sangue) e 5 amostras post-mortem (cérebro, pulmões, baço e cólon) de aves doentes e mortas em duas explorações avícolas diferentes dos distritos de Gazipur e Mymensingh durante o surto de 2006.

3.2.2 Aves utilizadas

Os frangos de carne (Cobb 500) e as galinhas poedeiras (Sonali) doentes e mortos foram recolhidos em duas explorações avícolas diferentes de Gazipur e na exploração avícola da Universidade Agrícola do Bangladesh, em Mymensingh, durante um surto suspeito de doença infecciosa infecciosa no ano de 2006. Para a infeção experimental, foi comprado um total de 27 frangos de carne com 16 dias de idade e 27 galinhas poedeiras da mesma idade em duas pequenas explorações domésticas diferentes, respetivamente na exploração avícola da BAU e em Boira, no distrito de

Mymensingh.
3.2.3 Vírus de referência
A estirpe do vírus da doença de Newcastle (Komarov) foi utilizada como vírus de controlo positivo, tendo sido recolhida do repositório do Departamento de Microbiologia e Higiene da Universidade Agrícola do Bangladesh, em Mymensingh.
3.2.4 Extração do ARN viral
Utilizou-se o QIAamp RNA mini kit (QIAGEN, Hilden, Alemanha) para a extração do ARN viral das amostras clínicas e post-mortem, de acordo com as instruções do fabricante.
3.2.5 Primers, enzimas, produtos químicos e reagentes utilizados para RT-PCR
Conjunto de primers complementares e de sentido específicos do vírus da doença de Newcastle (concebidos utilizando o software OLIGO 2), LA-Taq DNA polimerase, AMV-RT, 10 mM dNTP, inibidor de RNAse primário, água isenta de RNAse e DNAse tratada com DEPC, tubo eppendorf PCR isento de RNAse e DNAse (0,6 ml-1,8 ml), 2,5 mM $MgCl2$, tampão LA 10 X, RNAse away, tampão TAE e Agarose NA (AB).
3.2.6 Termociclador e aparelho de gel-eletroforese
Para este estudo foram utilizados 48 poços do termociclador MJ Mini (BIO-RED, EUA) e um aparelho de eletroforese (Toyobo, Gel-Met 2000, Japão) disponíveis no Departamento de Microbiologia e Higiene, BAU, Mymensingh.
3.2.7 Armário de segurança, máquina de centrifugação eppendorf refrigerada e micropipetas
Câmara de segurança com fluxo de ar livre de pirogénios, RNAse e DNAse, máquina de centrifugação eppendorf refrigerada, pontas de filtro livres de RNAse, micropipeta unicanal (0,5-10pl, 40-200LI1, 1000ul), micropipeta multicanal (oito canais), frascos criogénicos (1,8 ml), parafilme, tubos de cultura de tecidos e frascos (plástico), disponíveis no Departamento de Microbiologia e Higiene, BAU, Mymensingh, foram utilizados neste estudo.
3.2.8 Ovos férteis de galinhas
Foram obtidos ovos de galinha férteis na exploração avícola da Universidade Agrícola do Bangladesh para o isolamento e a propagação em grande escala do NDV.
3.2.9 Meios e soros utilizados para a cultura de células
Meio essencial mínimo (MEM), soro fetal de vitelo bovino, meio contendo 10% de FCS.
3.2.10 Soluções utilizadas para a cultura de células
Solução de bi-carbonato de sódio, solução de L-glutamina e solução de tripsina (2% de tripsina bovina). Solução antibiótica (Pen-G 10 lac injetável contendo benzil penicilina sódica e 1 g de estreptomicina em pó).
3.2.11 Soluções utilizadas para os ensaios HA e HI
Solução tampão de fosfato de Dulbecco (dPBS), suspensão de glóbulos vermelhos de galinha, solução anticoagulante (solução de citrato de sódio a 4%).
3.3 Métodos
3.3.1 Transporte e conservação das amostras
Todas as amostras clínicas e post-mortem recolhidas foram transportadas do campo para o laboratório mantendo-se a 4^0 C em gelo. No laboratório, as amostras de

campo foram processadas imediatamente ou armazenadas a -800C até ao processamento para a extração do ARN v das amostras.

3.3.2 Estabelecimento da infeção experimental e recolha de amostras

Resumidamente, inoculou-se pela primeira vez 0,5 ml da estirpe virulenta e komarov do NDV em cada um dos cinco frangos de carne com 16 dias de idade através das vias IN, IM, oral, IC e IO e duas aves serviram de controlo não infetado. O registo da temperatura foi iniciado após 24 horas e foram colhidas assepticamente amostras clínicas de esfregaço traqueal, esfregaço cloacal e sangue em cinco dias consecutivos. O cérebro, os pulmões, o baço e o cólon, como amostras post mortem, foram colhidos assepticamente após a morte.

Depois, na segunda vez, foram inoculados 0,5 ml de virulento de campo em cada uma das cinco galinhas poedeiras de 16 dias de idade através das vias IN, IM, oral, IC e IO e duas aves serviram de controlo não infetado. O registo da temperatura foi iniciado após 24 horas e foram colhidas assepticamente amostras clínicas de esfregaço traqueal, esfregaço cloacal e sangue em cinco dias consecutivos. O cérebro, os pulmões, o baço e o cólon, como amostras post-mortem, foram colhidos assepticamente após a morte. O estudo foi repetido duas vezes para obter resultados reprodutíveis de cada experiência.

3.3.3 Colheita de sangue para a preparação de soro

Cerca de 1 ml de sangue foi colhido assepticamente com uma seringa de 3 ml sem anticoagulante da veia da asa da galinha. Após a retração adequada do coágulo, as seringas foram colocadas a 4^0 C durante cerca de 24 horas e, em seguida, centrifugadas a 1500 rpm durante 10 minutos para obter um soro mais claro do sangue. O soro foi então recolhido num frasco com tampa de rosca e conservado a -800C até ser processado para a extração do ARN v das amostras.

3.3.4 Preparação da solução anti-coagulante

Adicionaram-se quatro gramas de citrato tri-sódico (E. Merck, Índia) a 100 ml de água destilada. A mistura foi então esterilizada por autoclavagem. A solução esterilizada de citrato tri-sódico foi conservada a 4° C para utilização posterior.

3.3.5 Preparação da solução-tampão de fosfato de dulbecco (dPBS)

Oitenta gramas de cloreto de sódio (NaCl), 2,0gms de cloreto de potássio (KCl), 29,0gms de hidrogenofosfato de sódio ($Na2HPO4$), 2,0gms de di-hidrogenofosfato de potássio ($KH2PO4$) foram adicionados com água destilada para fazer 1000 ml de solução. O p^H da solução foi medido e ajustado para 7,0 a 7,2 por adição de NaOH 0,1M ou HCl 0,1N.

3.3.6 Preparação de meios de ágar-sangue

Vinte e três gramas de meio de Agar Sangue (BA) desidratado (Difco, Inglaterra) foram adicionados a 1000 ml de água destilada e dissolvidos por ebulição, tendo sido esterilizados por autoclave. Depois de concluída a esterilização por autoclave, deixou-se a temperatura do meio baixar para 45° C, mantendo-o num banho de água, e depois adicionou-se ao meio sangue bovino desfibrilado a uma concentração de 5%. Após a adição do sangue, deixou-se que a mistura fosse bem misturada e distribuída num volume de 10-20 ml em cada uma das placas de Petri estéreis. Deixou-se então arrefecer os petrídeos à temperatura ambiente para solidificação do meio. Após a solidificação, a esterilidade dos meios foi verificada incubando-os a 37° C numa incubadora durante 24 horas. Os meios BA bacteriologicamente estéreis foram mantidos à temperatura de 4º C para utilização futura.

3.3.7 Preparação do caldo nutriente (NB)

Oito gramas de caldo nutriente (NB) desidratado (difco, Inglaterra) foram dissolvidos em 1000 ml de água destilada num frasco e distribuídos em 5 ml de volume em cada tubo de ensaio. Os tubos contendo NB foram então esterilizados por autoclavagem e mantidos a 4 C-8ºº C até à sua utilização. O RN esterilizado foi utilizado para a diluição dos vírus.

3.3.8 Preparação da suspensão de glóbulos vermelhos

O sangue foi colhido assepticamente com uma seringa e uma agulha estéreis da veia da asa de uma galinha seronegativa. Imediatamente após a colheita, o sangue foi transferido para um tubo de ensaio estéril contendo anticoagulante (solução de citrato de sódio a 4%) numa proporção de 1:10. As células sanguíneas foram então diluídas com tampão fosfato salino estéril (PBS) e depois centrifugadas a 1000-1500 rpm durante 20 minutos. O sobrenadante foi vertido e o sedimento de células sanguíneas (RBC) foi ressuspenso e lavado 3 vezes com PBS por centrifugação. Após a centrifugação final, as hemácias sedimentadas foram ressuspendidas com PBS para obter uma suspensão de hemácias a 2% e 0,5% para HI. A suspensão de células foi então armazenada a 4º C- 8º C para ser utilizada apenas durante três dias sucessivos.

3.3.9 Antibióticos, produtos químicos e reagentes necessários para a preparação de meios de cultura de tecidos

3.3.9.1 Preparação de antibióticos

Um frasco de gentamicina foi misturado com água destilada por seringa e a solução total foi recolhida em seringas. A solução recolhida foi vertida num frasco criogénico de um ml e armazenada a -20º C para utilização posterior.

10 lac de Pen-G (penicilina benzílica) e 1 g de estreptomicina em pó foram misturados com água destilada numa seringa de 5 ml e a solução total foi recolhida numa seringa. A solução recolhida foi vertida num frasco criogénico de 1,5 ml e armazenada a -20º C para utilização posterior.

1.1.1.2 Preparação da solução de bicarbonato de sódio

Cinco gramas de bicarbonato de sódio foram misturados com 100 ml de água destilada num recipiente cónico e agitados com uma barra magnética numa placa de aquecimento durante 3-5 minutos. O tubo de ensaio com tampa de rosca foi enchido com a solução de bicarbonato de sódio e autoclavado durante 15 minutos a 121º C e armazenado à temperatura ambiente para utilização posterior.

1.1.1.3 Preparação da solução de L-glutamina

Cem ml de água destilada foram misturados com 3,5 gramas de L-glutamina num fluxo cónico e foram agitados com uma barra magnética numa placa de aquecimento durante 3-5 minutos. Cada um dos tubos de ensaio com tampa de rosca foi enchido com 5 ml de solução de L-glutamina e armazenado a -20º C num ângulo de 160º para utilização posterior.

1.1.1.4 Preparação da solução de tripsina a 2%

Dois gramas de tripsina foram misturados com 100 ml de água destilada num recipiente de fluxo cónico e agitados com uma barra magnética num agitador em congelação a 4º C durante 12-24 horas. Foi filtrada com papel de filtro Whatman e novamente filtrada com um microfiltro. Foi distribuído em diferentes tubos a uma taxa de 5 ml e armazenado a 4° C durante 1 mês

1.1.1.5 Preparação dos meios essenciais mínimos

O pó de MEM foi misturado com 500 ml de água destilada num frasco SIGMA. A solução total foi vertida em dois frascos, numa quantidade de 250 ml. Adicionaram-se duzentos e cinquenta ml de água destilada em cada garrafa e misturou-se bem. Em seguida, foi autoclavada durante 30 minutos e armazenada a 4°C.

1.1.1.6 Preparação de meios com 10% de soro fetal de vitelo

Foram misturados 50 ml de soro fetal de vitelo com 500 ml de MEM, 5 ml de L-glutamina e antibiótico (1000 i.u. de penicilina + 10 mg de estreptomicina). O ajuste de P^H (7,0 -7,2) foi efectuado através da adição de solução de Sodi-bicarbonato até à cor vermelha clara.

3.3.10 Preparação da cultura de células de fibroblastos de embrião de galinha

3.3.10.1 Limpeza e esterilização de objectos de vidro

Todos os objectos de vidro foram mantidos numa solução de hipoclorito de sódio a 2% e deixados aí até serem limpos. Exceptuando as pipetas de vidro, os objectos de vidro foram mergulhados durante a noite numa solução de detergente para a louça de uso doméstico (Trix, Reckit and Colman Bangladesh Ltd.). Em seguida, foram limpos com uma escova e lavados cuidadosamente em água corrente da torneira, pelo menos vinte vezes.

Por fim, os objectos de vidro foram lavados com água destilada pelo menos três vezes. Os objectos de vidro foram depois secos numa estufa a 60° C durante 30 minutos. As micropipetas e as pontas foram mergulhadas durante a noite numa solução de limpeza de ácido sulfúrico e dicromato (120 g de dicromato de sódio dissolvidos em 1000 ml de água da torneira a que se adicionaram 1600 ml de ácido sulfúrico concentrado). As pipetas de vidro foram depois lavadas repetidamente em água da torneira, pelo menos vinte vezes, e enxaguadas pelo menos três vezes em água destilada. As pipetas foram também secas numa estufa a uma temperatura entre 50 OC e 60OC. Antes da esterilização, as pipetas de vidro foram tapadas com algodão (delipitizado) e colocadas num recipiente.

Os frascos graduados e os frascos de Erlenmeyer (braço lateral) foram tapados com algodão delipidado sob uma cobertura de folha de alumínio. Os petrídeos foram colocados e embrulhados com papel castanho. Os frascos de vidro foram geralmente esterilizados por calor seco a 60 °C durante uma hora e meia numa estufa. No entanto, os frascos com tampas de plástico ou tampas de alumínio revestidas de borracha foram esterilizados por autoclavagem durante 20 minutos a 121 °C sob uma pressão de 15 libras por polegada quadrada. As tampas foram imediatamente secas numa estufa a uma temperatura compreendida entre 50 °C e 70 °C. As tampas dos frascos foram aligeiradas após arrefecimento. Todos os artigos de vidro esterilizados foram mantidos num local sem pó.

3.3.10.2 Preparação de embriões para inoculação

Os ovos de galinha férteis adquiridos na exploração avícola da Universidade Agrícola do Bangladesh foram limpos e desinfectados com álcool etílico a 70% e, em seguida, os ovos foram incubados a 37 °C numa incubadora humidificada. Os ovos foram virados manualmente duas vezes por dia. Para a preparação da monocamada, foram incubados seis a oito ovos de cada vez.

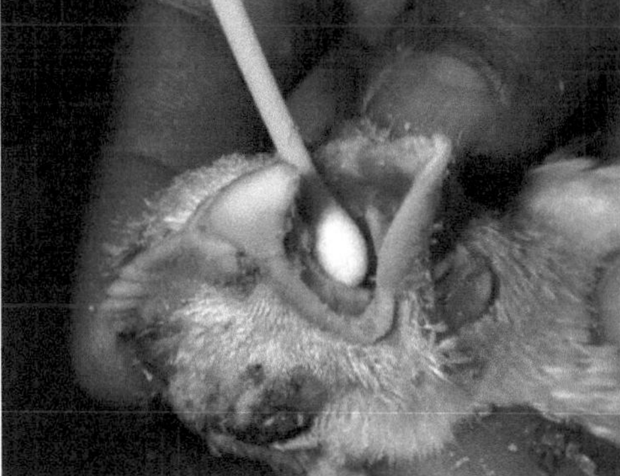

Placa 1. Colheita de esfregaço traqueal de frango de carne infetado

Placa 2. Colheita de esfregaço cloacal de frango de carne infetado

Placa 3. Colheita de esfregaço traqueal de galinha poedeira infetada

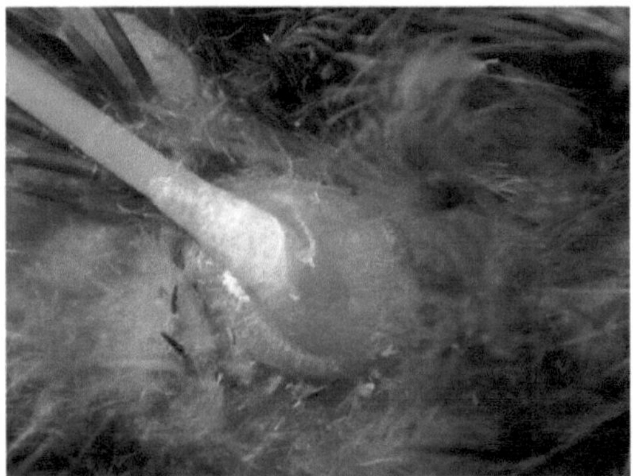

Placa 4. Colheita de esfregaço cloacal de galinha poedeira infetada

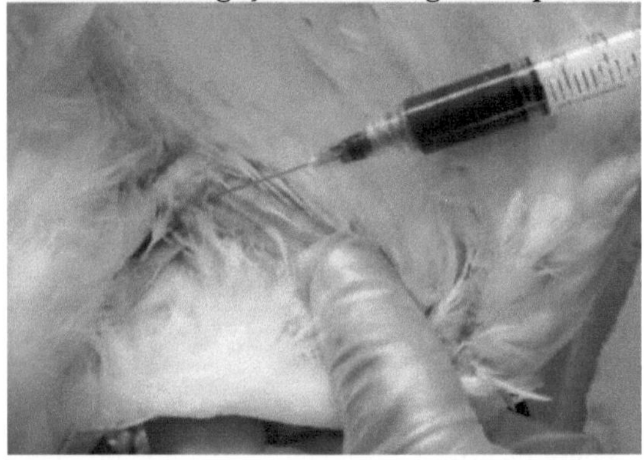

Placa 5. Colheita de sangue de frangos de carne infectados

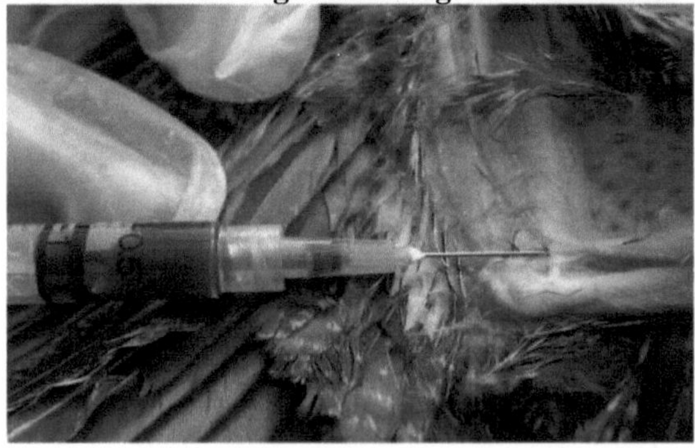

Placa 6. Colheita de sangue de galinhas poedeiras infectadas

Após 9 dias de incubação, os ovos foram retirados da incubadora e marcados com velas para verificar a viabilidade e os embriões mortos foram deitados fora. A casca dos ovos embrionados foi limpa com uma compressa de álcool a 70%. Segura-se o ovo com uma mão e corta-se a casca logo abaixo do saco de ar, abrindo-a com uma pinça esterilizada. O embrião foi retirado do ovo colocando outra pinça esterilizada por baixo do seu pescoço e levantando-o suavemente, com cuidado, para que se soltasse do saco vitelino. Os embriões foram transferidos um a um para um recipiente petrificado esterilizado, onde as cabeças e os membros foram cortados e retirados. O restante corpo dos embriões foi lavado duas vezes com PBS-A e cortado com uma tesoura esterilizada.

3.3.10.3 Individualização de células por tripsinização a quente e culturas de células

Os tecidos cortados foram transferidos para um frasco cónico estéril com uma barra magnética. Os pedaços de tecido foram lavados adicionando PBS-A estéril, agitando, depois deixou-se que os pedaços assentassem e o sobrenadante foi decantado. A lavagem foi efectuada pelo menos 3 vezes até que o PBS apresentasse um aspeto límpido e isento de sangue. Em seguida, adicionou-se uma quantidade de 100 ml de PBS aos pedaços de tecido, aos quais se adicionou 1 ml de tripsina a 0,25%. A suspensão de tecido foi agitada durante 45 minutos à temperatura ambiente e depois peneirada com uma gaze esterilizada.

Este fluido foi centrifugado a 1000 rpm durante 15 minutos; a centrifugação foi efectuada 2 a 3 vezes para remover a tripsina. Foi utilizado MEM como diluente. O fluido sobrenadante foi eliminado durante a centrifugação; as células foram desagregadas por fricção suave durante alguns minutos. Depois de fazer uma suspensão de tecido, esta suspensão foi transferida para um frasco universal contendo 2 ml de soro fetal de vitelo. As células foram incubadas em recipientes de cultura numa incubadora humidificada a 37° C e foram examinadas com um microscópio invertido 24 a 48 horas após a cultura.

3.3.11 Isolamento do vírus

3.3.11.1 Preparação de inóculos

Após a recolha da amostra (pulmão, baço, cérebro e cólon), esta foi cortada em pequenos pedaços com uma tesoura e uma pinça esterilizadas e, em seguida, triturada com um almofariz esterilizado. Foi preparada uma suspensão a 20%, adicionando uma quantidade suficiente de tampão fosfato salino à amostra triturada. A suspensão foi filtrada para remover as partículas grosseiras. A amostra foi centrifugada a uma velocidade de 2500-3000 rpm durante 10 a 20 minutos. O fluido sobrenadante foi recolhido e a amostra foi tratada com antibióticos (penicilina, 1000 i.u/ml e estreptomicina, 10 mg/ml). As amostras tratadas com antibióticos foram então espalhadas sobre o ágar-sangue e a placa foi incubada a 37° C durante uma noite. A amostra de tecido bacteriologicamente estéril foi considerada como inóculo e depois foi armazenada a -20OC para utilização posterior.

3.3.11.2 Propagação de vírus em embriões de aves

O isolado e as estirpes de referência do NDV foram tratados com antibióticos e testados quanto à esterilidade bacteriológica. Foram inoculados 0,2 ml de cada inóculo estéril em cada um dos cinco ovos embrionados com 10 dias de idade através da via do saco alantóico. Após a inoculação, os ovos inoculados foram transferidos para uma incubadora de ovos, mantendo a temperatura de 37°C, e observados duas vezes por dia para verificar a mortalidade do embrião. Os embriões mortos dentro de 24 horas de incubação foram descartados e os que morreram durante o período de observação desejado foram resfriados a 40C a 8OC por 2 a 4 horas. Os fluidos alantóicos dos embriões refrigerados foram recolhidos e algumas quantidades foram utilizadas para efetuar o teste de hemaglutinação em lâmina utilizando uma suspensão de hemácias de galinha a 2% para a determinação da presença do vírus hemaglutinante. As lesões no corpo dos embriões foram examinadas e registadas. Por fim, o líquido alantóico foi recolhido em tubos de ensaio com tampa de rosca e conservado a -20° C e -80° C até utilização posterior.

3.3.11.3 Propagação de vírus em cultura de células de fibroblastos de embrião de galinha

O frasco de cultura de tecidos contendo células completas em monocamada foi utilizado para a infeção com vírus. O meio da garrafa foi eliminado e, em seguida, as células foram lavadas com PBS estéril durante 2-3 vezes. As células lavadas foram então deixadas a infetar com 0,1-0,5 ml de inóculos feitos a partir de 20% de suspensão de tecido suspeito de vírus. Depois, deixou-se o frasco incubar a 370C durante cerca de 45-60 minutos para estabelecer uma melhor interação entre os vírus e as células. Após a conclusão do período de incubação estipulado, o frasco foi lavado 3-4 vezes com PBS para remover o vírus solto do frasco. Adicionou-se então o volume desejado de MEM ao frasco e incubou-se a 370C até que o vírus mostrasse um efeito citopático caraterístico (CPE) na célula.

3.3.12 Determinação do teor de EID50 dos isolados e das estirpes de referência

A EID50 dos isolados e dos vírus de referência foi determinada utilizando embriões de galinha. Para o efeito, foram preparadas diluições seriadas de dez vezes, variando de (10^{-1} - 10^{-9}), utilizando PBS. Colocou-se uma gota de cada diluição numa placa/placa NA para testar a contaminação bacteriana e incubou-se durante 24 horas a 370C. A partir de cada diluição, inoculou-se 0,1 ml em cada um dos cinco ovos embrionados de galinha com 10 dias de idade através da via do saco alantóico. Para cada teste, foram mantidos cinco embriões como controlo. Os embriões foram então incubados a 37° C durante cinco dias e submetidos a ovoscopia duas vezes por dia para verificar a mortalidade dos embriões. Os embriões que morreram nas 24 horas seguintes à inoculação foram descartados e a mortalidade dos embriões foi registada. Os embriões que morreram ou sobreviveram durante o período de observação foram arrefecidos a uma temperatura de 40C a 6OC durante 2 a 4 horas antes da recolha do líquido alantóico (FA). O FA de cada embrião foi submetido ao teste de HA em lâmina para detetar a presença de vírus. A EID50 das estirpes de vírus foi calculada a partir dos dados obtidos segundo o método descrito por Reed e Muench (1938).

3.3.13 Teste de hemaglutinação (HA)

Este teste foi realizado de acordo com o método descrito por Anon (1971) e Stephen *et al.* (1975) para determinar a presença de NDV no líquido alantóico (AF), no líquido de cultura de células infectadas (ICF) e em homogenatos diretos de tecidos.

3.3.13.1 Teste de HA em lâminas

Para este teste, foram colocadas uma ou duas gotas de FA ou FCI colhidas numa lâmina de vidro limpa com seis alvéolos e adicionadas duas gotas de uma suspensão de leucócitos recentemente preparada a 2%, misturando-as cuidadosamente com um palito. O aparecimento de aglomerados de leucócitos na lâmina de vidro no espaço de 1 a 2 minutos constitui uma indicação da presença de vírus na FA ou no FCI.

3.3.13.2 Teste de HA em microplacas

O teste de HA em microplacas foi também efectuado para determinar o título do vírus presente num volume definido de FA ou CIF. Em cada poço da placa de micro-hemaglutinação, deixou-se reagir 25 µl de FA ou CIF diluídos duas vezes em série, contendo vírus vivo, com 50 µl de hemácias a 0,5%. A placa foi então incubada à temperatura ambiente durante 45 minutos e o resultado da HA foi registado.

3.3.14 Métodos serológicos

3.3.14.1 . Teste de inibição da hemaglutinação (HIT)

O teste foi efectuado utilizando soro hiper-imune colhido de aves desafiadas com um bom título de anticorpos já prevalecente. O soro foi inactivado a 56° C durante 30 minutos num banho de água. Este teste foi efectuado numa placa de microtítulo de 96 poços com fundo em U. Foi efectuada uma diluição seriada de 2 vezes do soro com PBS. Foram adicionadas quatro unidades de HA contendo 25 pl de vírus vivo de cada estirpe em cada poço contendo 25 pl de soro diluído duas vezes em série. O antissoro foi utilizado para determinar o padrão inibitório da atividade HA do NDV. A mistura antigénio-anticorpo (Ag-Ab) foi deixada a reagir durante cerca de 1 hora à temperatura ambiente. Foram adicionados 50 pl de hemácias de galinha a 0,5% (hemácias c) em cada poço contendo a mistura Ag-Ab e a placa foi misturada corretamente por agitação. Após a adição de hemácias de galinha com a mistura Ag-Ab, a placa foi incubada à temperatura ambiente durante cerca de 45 minutos. A leitura do teste foi efectuada em seguida.

3.3.14.2 Prova de Imunodifusão em gel de ágar (AGIDT)

Para fazer gel de ágar a 1%, colocou-se 1 g de ágar nobre num frasco cónico esterilizado. Em seguida, adicionou-se 8 g de NaCl. Foram adicionados 100 ml de água destilada e misturados adequadamente por agitação. Deixou-se que os grânulos de ágar derretessem completamente por ebulição a 100OC no forno micro-ondas. Verter 6 ml de ágar completamente derretido sobre uma lâmina de vidro seca e sem gordura, colocada horizontalmente. A lâmina contendo o gel foi então deixada a solidificar durante uma hora à temperatura ambiente. Após a solidificação completa do gel, foram feitos no gel, com uma distância de 4 mm, um poço central e seis periféricos, utilizando um boarer de gel. A parte cortada do gel de cada poço foi cuidadosamente removida por aspiração. Após a formação completa dos poços no gel, foram colocados no poço central de uma placa de microtítulo de 96 poços com fundo em U 25 pl de soro policlonal inactivado pelo calor (56° C) criado em galinha contra o antigénio inactivado do isolado. No alvéolo periférico, foram colocados 25 pl de vírus tratados com NP40 e outras estirpes de vírus. Em seguida, o gel foi mantido a 4 OC durante uma noite para uma melhor reação entre o antigénio e o anticorpo e a presença de uma linha de precipitação.

3.3.15 Métodos moleculares

3.3.15.1 Extração do ARN viral

O ARN genómico viral foi extraído de 140 pl de esfregaço traqueal, esfregaço cloacal, soro, fluido de cultura celular infetado e fluido alantóico com uma FFU de vírus conhecida, utilizando o QIAamp viral RNA mini kit (QIAGEN, Hilden, Alemanha), de acordo com o protocolo do fabricante. O ARN foi eluído das colunas QIAspin num volume final de 100 pl de tampão de eluição e armazenado a - 80OC até

ser utilizado.
3.3.15.2 Preparação da mistura de reação para RT-PCR
O cDNA foi sintetizado utilizando 10,0 pl de ARN total, 4,0 pl de 5 X Buffer, 2,0 pl 0,1 M DTT, 2,0 pl PRI, 2,0 pl 10 mM dNTP, 0,5 pl RT Ace, 27,7 pl H_2O, 2,0 pl Random Hexamer num volume total de 50 pl durante 1 hora a 45OC.

A PCR foi efectuada num volume total de 50 μl contendo 2.0-μl cDNA, 5.0 μl 10X PCR Buffer, 2.0 μl 10mM dNTP, 2.0 μl 25mM MgCl2, 0.2 μl LA-Taq, 2,0 pl F-Primer, 2.0 μl R-Primer e 34.8 μl H_2O.

A RT-PCR foi efectuada num volume total de 50 μl contendo 5.0 μl 10X PCR Buffer, 2.0 μl 10mM dNTP, 2.0 μl 25mM MgCl2, 0.2 μl LA-Taq, F- 2.0 μl Primer, 2.0 μl R-Primer, 0.2 μl Prime RNase Inhibitor, 0.2 μl AMV-RT, 10 vRNA 24.6 μl H_2O.

3.3.15.3 Perfil térmico seguido para RT-PCR

45º C durante 1 hora (cDNA)
94º C durante 2 minutos
94OC durante 30 segundos
50OC durante 1,5 minutos
60OC durante 2 minutos
60OC durante 10 minutos
35 ciclos

3.3.15.4 RT-PCR direta
Para determinar o antigénio do vírus nas amostras clínicas (zaragatoa traqueal, zaragatoa cloacal e soro), amostras post mortem (baço, pulmão, cólon e cérebro), FA e ICF, o ARN viral foi extraído e a RT-PCR foi realizada de acordo com os métodos padrão descritos por (Islam *et al.*, 2001).

3.3.15.5 Eletroforese em gel de agarose
A eletroforese em gel de agarose foi realizada da seguinte forma:
a) Num erlenmeyer, introduziram-se 490 ml de água destilada, 10 ml de tampão TAE e 2 g de gel de agarose em pó.
b) Mistura adequada através do forno, evitando choques.
c) Em seguida, adicionaram-se 5 pl de brometo de etídio e agitou-se para misturar.
d) Em seguida, o gel derretido foi vertido na placa de gel de ágar.
e) No início da solidificação, foi colocado sobre o gel um pente com vários números de dentes.
f) Em seguida, manteve-se durante meia hora para solidificar
g) Colocar o corante de carga 6X em parafilme para cada amostra.
h) A amostra foi misturada com o corante de carga e colocada na câmara de eletroforese.
i) O corante marcador foi colocado em cada um dos lados e a operação decorreu durante 40 minutos
j) Finalmente observada num transiluminador UV.

CAPÍTULO 4
RESULTADOS

Os resultados das várias conclusões deste estudo são descritos em seguida:

4.1 Resultados do isolamento do vírus da doença de Newcastle

4.1.1 Resultados do isolamento do vírus da doença de Newcastle em embriões de aves

Neste estudo, utilizou-se um total de 20 amostras de sangue, esfregaços traqueais e esfregaços cloacais como amostras clínicas e um total de 5 amostras de cérebro, pulmão, cólon e baço como amostras post mortem para o isolamento do vírus em embriões de aves. O fluido alantóico (FA) dos embriões que foram encontrados mortos nas 48 horas seguintes à inoculação foi colhido e a presença do vírus hemaglutinante foi detectada através do teste de hemaglutinação direta em placa (HA), utilizando hemácias a 1,5% na placa HA de seis poços. Isolamento do vírus de um total de 160 amostras, incluindo amostras clínicas e post mortem de galinhas poedeiras e frangos de carne infectados natural e experimentalmente; cento e vinte e oito amostras foram consideradas positivas nos embriões de aves. A partir das amostras clínicas, tais como zaragatoa traqueal, zaragatoa cloacal e soro de galinhas poedeiras e frangos infectados natural e experimentalmente, a taxa de isolamento do vírus foi de 90%, 85% e 65%, respetivamente (Quadro 1 e Fig. 9). Por outro lado, a taxa de isolamento do vírus a partir do baço, pulmão, cólon e cérebro como amostras post mortem foi de 100%, 80%, 60% e 80%, respetivamente (Quadro 2 e Fig. 9). Dos três tipos de amostras clínicas de galinhas poedeiras e frangos de carne naturalmente infectados, a taxa de isolamento do vírus foi mais elevada na zaragatoa traqueal (90%), em comparação com os dois outros tipos de amostras clínicas, tendo-se observado também um resultado semelhante de isolamento nas amostras clínicas de galinhas poedeiras e frangos de carne infectados experimentalmente. Dos quatro tipos diferentes de amostras post mortem, a taxa de isolamento do vírus foi mais elevada na amostra de baço (100%) em comparação com os outros três tipos de amostras e não se observou qualquer variação na taxa de isolamento do vírus a partir do baço tanto das galinhas poedeiras como das galinhas de carne infectadas natural e experimentalmente neste estudo.

4.1.2 Resultados do isolamento do vírus da doença de Newcastle em cultura de células de fibroblastos de embrião de galinha (CEF)

Neste estudo, foi utilizado um total de 20 esfregaços de sangue, traqueais e cloacais como amostras clínicas e um total de 5 amostras de cérebro, pulmão, cólon e baço como amostras post-mortem para o isolamento do vírus no sistema de cultura de células CEF. O fluido de cultura infetado (ICF) foi colhido 96 horas após a infeção e a presença de vírus hemaglutinantes foi detectada pelo teste de hemaglutinação direta em placa (HA) utilizando 1,5% de hemácias na placa HA de seis poços. Isolamento do vírus a partir de um total de 160 amostras, incluindo amostras clínicas e post mortem de galinhas poedeiras e frangos de carne infectados natural e experimentalmente; 155 amostras foram consideradas positivas no sistema de cultura de células CEF. A taxa de isolamento do vírus de todos os três tipos de amostras clínicas (zaragatoa traqueal, zaragatoa cloacal e soro) e de quatro tipos de amostras post mortem (baço, pulmão, cólon e cérebro) de galinhas poedeiras e frangos de carne infectados natural e experimentalmente no sistema de cultura de células CEF foi quase semelhante (100%) (quadros 1 e 2).

Quadro 1. Vírus da doença de Newcastle isolado das amostras clínicas de galinhas poedeiras e frangos de carne infectados natural e experimentalmente

Tipos de galinhas	Tipo de amostras clínicas	N.º de amostras testadas para isolamento do vírus	N.º de amostras positivas para isolamento do vírus (%)	
			Embriões de aves	CEF
Galinhas poedeiras	Esfregaço traqueal	20	18 (90%)	20 (100%)
	Esfregaço cloacal	20	17 (85%)	20 (100%)
	Soro	15[a] / 20[b]	13a (86,7%) / 13b (65%)	15a (100%)/ 15b (75%)
Frangos de carne	Esfregaço traqueal	20	18 (90%)	20 (100%)
	Esfregaço cloacal	20	17 (85%)	20 (100%)
	Soro	15[a] / 20[b]	13a (86,7%) / 13b (65%)	15a (100%)/ 15b (75%)

a = Soro do dia 1 e do dia 2, b= Pool de soro do dia 1, do dia 2 e do dia 3, CEF = fibroblasto de embrião de galinha

Quadro 2. Vírus da doença de Newcastle isolado das amostras post-mortem de galinhas poedeiras e frangos de carne infectados natural e experimentalmente

Tipos de galinhas	Tipo de amostras post-mortem	N.º de amostras testadas para isolamento do vírus	N.º de amostras positivas para isolamento do vírus (%)	
			Embriões de aves	CEF
Galinhas poedeiras	Baço	5	5 (100%)	5 (100%)

	Pulmão	5	4 (80%)	5 (100%)
	Cérebro	5	4 (80%)	5 (100%)
	Cólon	5	3 (60%)	5 (100%)
	Baço	5	5 (100%)	5 (100%)
Frangos de carne	Pulmão	5	4 (80%)	5 (100%)
	Cérebro	5	4 (80%)	5 (100%)
	Cólon	5	3 (60%)	5 (100%)

CEF = Fibroblasto de embrião de galinha.

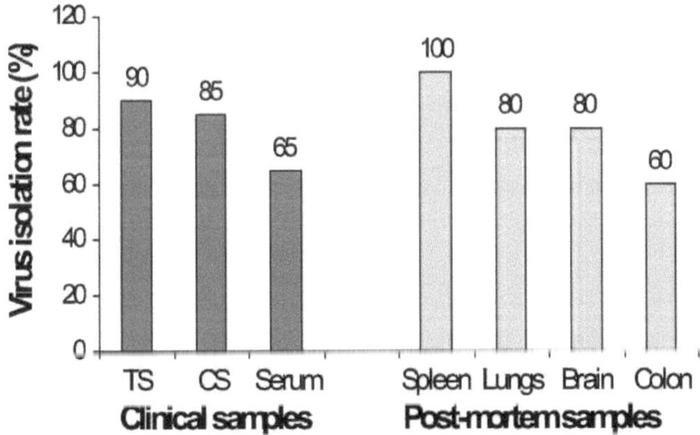

Fig. 3. Representação gráfica da taxa de isolamento do vírus da doença de Newcastle em embriões de aves provenientes de amostras clínicas e post-mortem de frangos de carne e galinhas poedeiras infectados natural e experimentalmente, como indicado nos quadros 1 e 2

4.2 Resultados do teste de inibição da hemaglutinação (HIT)

A FA e a FCI de todas as 160 amostras de galinhas poedeiras e frangos de carne infectados natural e experimentalmente revelaram um padrão semelhante de atividade HI com soro policlonal específico do NDV criado em galinhas. Verificou-se que o soro hiper-imune anti-VDN era igualmente potente para inibir a atividade de 4 unidades HA do vírus presente na FA e no FCI isolados da maioria das amostras clínicas e post-mortem (Fig. 13).

4.3 Resultados da prova de imunodifusão em gel de ágar (AGIDT)

A maior parte dos NDV isolados de amostras clínicas e post-mortem de galinhas poedeiras ou de frangos de carne, quer natural quer experimentalmente infectados, foram autorizados a precipitar anticorpos contra o NDV. Os resultados da precipitação no gel de ágar revelaram claramente a identidade entre a hemaglutinina (HN) e a proteína M (Matrix) da maioria dos isolados de NDV isolados de galinhas poedeiras ou de frangos de carne neste estudo (Fig. 14).

4.4 Resultados dos efeitos da temperatura corporal no isolamento do vírus

Após o estabelecimento experimental da infeção por NDV em galinhas poedeiras e frangos de carne através de cinco vias diferentes de inoculação, a temperatura corporal de cada ave foi registada a partir das 24 horas pós-infeção e continuou até ao quinto dia e à observação. A temperatura corporal mais elevada das galinhas poedeiras e dos frangos de carne foi registada no segundo dia pós-infeção e a temperatura corporal mais baixa das galinhas poedeiras e dos frangos de carne foi registada imediatamente antes da morte. Entre as cinco vias diferentes de infeção, nenhuma das galinhas poedeiras e dos frangos de carne doentes sobreviveu depois de apresentar uma temperatura corporal de 34,6±0,4° C a 34,7±0,5° C (Quadro 15 - 16 e Fig. 4 - 6).

Quadro 3. Deteção do vírus da doença de Newcastle nas amostras clínicas e post-mortem de frangos de carne infectados experimentalmente através da via intramuscular de inoculação

Rota	Tipo de amostras recolhidas	Recolha de amostras em dias	Determinação da presença de vírus por teste direto de HA			Resultados da RT- PCR
			Homogenato/suspensão direta de tecidos	AF	ICF	
Intramuscular	Amostras clínicas	Esfregaço traqueal	Dia 1	-	+++	+++	+++

		Dia 2	-	+++	+++	+++
		Dia 3	-	+++	+++	+++
	Esfregaço cloacal	Dia 1	-	+++	+++	+++
		Dia 2	++	+++	+++	+++
		Dia 3	-	+++	+++	+++
	Soro	Dia 1	-	+++	+++	+++
		Dia 2	-	+++	+++	+++
		Dia 3	-	-	-	-
Amostras post-mortem	Baço	Todas as amostras de PM foram colhidas imediatamente após a morte das aves, 3 a 4 dias após a infeção	-	+++	+++	+++

			Homogenato/suspensão direta de tecidos	AF	ICF	RT-PCR
		Pulmão	-	+++	+++	+++
		Cólon	++	+++	+++	+++
		Cérebro	-	+++	+++	+++

PM = Post-mortem, HA = Atividade de hemaglutinação, AF = Líquido alantóico, ICF = Líquido de cultura infetado, RT-PCR = Reação em cadeia da polimerase com transcriptase reversa

Quadro 4. Deteção do vírus da doença de Newcastle nas amostras clínicas e post-mortem de frangos de carne infectados experimentalmente através da via intranasal de inoculação

Rota	Tipo de amostras recolhidas		Recolha de amostras em dias	Determinação da presença de vírus por teste direto de HA			Resultados da RT- PCR
				Homogenato/suspensão direta de tecidos	AF	ICF	
Intranasal	Amostras clínicas	Esfregaço traqueal	Dia 1	-	+++	+++	+++
			Dia 2	-	+++	+++	+++
			Dia 3	-	+++	+++	+++

	Esfregaço cloacal	Dia 1	-	+++	+++	+++
		Dia 2	++	+++	+++	+++
		Dia 3	-	+++	+++	+++
	Soro	Dia 1	-	+++	+++	+++
		Dia 2	-	+++	+++	+++
		Dia 3	-	-	-	-
Amostras post-mortem	Baço		-	+++	+++	+++
	Pulmão	Todas as amostras de PM foram colhidas imediatamente após a morte das aves, 3 a 4 dias após a infeção	-	+++	+++	+++
	Cólon		++	+++	+++	+++

| | Cérebro | | - | +++ | +++ | +++ |

PM = Post-mortem, HA = Atividade de hemaglutinação, AF = Líquido alantóico, ICF = Líquido de cultura infetado, RT-PCR = Reação em cadeia da polimerase com transcriptase reversa

Quadro 5. Deteção do vírus da doença de Newcastle nas amostras clínicas e post-mortem de frangos de carne infectados experimentalmente através da via oral de inoculação

Rota	Tipo de amostras recolhidas		Recolha de amostras em dias	Determinação da presença de vírus por teste direto de HA			Resultados da RT- PCR
				Homogenato/suspensão direta de tecidos	AF	ICF	
Oral	Amostras clínicas	Esfregaço traqueal	Dia 1	-	+++	+++	+++
			Dia 2	-	+++	+++	+++
			Dia 3	-	+++	+++	+++
		Esfregaço cloacal	Dia 1	-	+++	+++	+++
			Dia 2	++	+++	+++	+++

		Dia 3	-	+++	+++	+++
		Dia 1	-	+++	+++	+++
	Soro	Dia 2	-	+++	+++	+++
		Dia 3	-	-	-	-
	Baço		-	+++	+++	+++
Amostras post-mortem	Pulmão	Todas as amostras de PM foram colhidas imediatamente após a morte das aves, 3 a 4 dias após a infeção	-	+++	+++	+++
	Cólon		++	+++	+++	+++
	Cérebro		-	+++	+++	+++

PM = Post-mortem, HA = Atividade de hemaglutinação, AF = Líquido alantóico, ICF = Líquido de cultura infetado, RT-PCR = Reação em cadeia da polimerase com transcriptase reversa

Quadro 6. Deteção do vírus da doença de Newcastle nas amostras clínicas e post-mortem de frangos de carne infectados experimentalmente por via intracloacal de inoculação

Rota	Tipo de amostras recolhidas		Recolha de amostras em dias	Determinação da presença de vírus por teste direto de HA			Resultados da RT- PCR
				Homogenato/suspensão direta de tecidos	AF	ICF	
Intracloacal	Amostras clínicas	Esfregaço traqueal	Dia 1	-	+++	+++	+++
			Dia 2	-	+++	+++	+++
			Dia 3	-	+++	+++	+++
		Esfregaço cloacal	Dia 1	-	+++	+++	+++
			Dia 2	++	+++	+++	+++
			Dia 3	-	+++	+++	+++
		Soro	Dia 1	-	+++	+++	+++
			Dia 2	-	+++	+++	+++
			Dia 3	-	-	-	-

Rota	Amostras post-mortem			Homogenato/suspensão direta de tecidos	AF	ICF	RT-PCR
	Amostras post-mortem	Baço	Todas as amostras de PM foram colhidas imediatamente após a morte das aves, 3 a 4 dias após a infeção	-	+++	+++	+++
		Pulmão		-	+++	+++	+++
		Cólon		++	+++	+++	+++
		Cérebro		-	+++	+++	+++

PM = Post-mortem, HA = Atividade de hemaglutinação, AF = Líquido alantóico, ICF = Líquido de cultura infetado, RT-PCR = Reação em cadeia da polimerase com transcriptase reversa

Quadro 7. Deteção do vírus da doença de Newcastle nas amostras clínicas e post-mortem de frangos de carne infectados experimentalmente através da via de inoculação intraocular

Rota	Tipo de amostras recolhidas		Recolha de amostras em dias	Determinação da presença de vírus por teste direto de HA			Resultados da RT- PCR
				Homogenato/suspensão direta de tecidos	AF	ICF	
intraocular	Amostras clínicas	Esfregaço traqueal	Dia 1	-	+++	+++	+++
			Dia 2	-	+++	+++	+++
			Dia 3	-	+++	+++	+++
		Esfregaço cloacal	Dia 1	-	+++	+++	+++
			Dia 2	++	+++	+++	+++
			Dia 3	-	+++	+++	+++
		Soro	Dia 1	-	+++	+++	+++
			Dia 2	-	+++	+++	+++
			Dia 3	-	-	-	-

Tipo de amostras recolhidas		Recolha de amostras em dias	Homogenato/suspensão direta de tecidos	AF	ICF	Resultados da RT-PCR
Amostras post-mortem	Baço	Todas as amostras de PM foram colhidas imediatamente após a morte das aves, 3 a 4 dias após a infeção	-	+++	+++	+++
	Pulmão		-	+++	+++	+++
	Cólon		++	+++	+++	+++
	Cérebro		-	+++	+++	+++

PM = Post-mortem, HA = Atividade de hemaglutinação, AF = Líquido alantóico, ICF = Líquido de cultura infetado, RT-PCR = Reação em cadeia da polimerase com transcriptase reversa

Quadro 8. Deteção do vírus da doença de Newcastle nas amostras clínicas e post-mortem de frangos de carne naturalmente infectados

Tipo de amostras recolhidas		Recolha de amostras em dias	Determinação da presença de vírus por teste direto de HA			Resultados da RT- PCR
			Homogenato/suspensã o direta de tecidos	AF	ICF	
Amostras clínicas	Esfregaço traqueal	Dia 1	-	+++	+++	+++
		Dia 2	-	+++	+++	+++
		Dia 3	-	+++	+++	+++
	Esfregaço cloacal	Dia 1	-	+++	+++	+++
		Dia 2	++	+++	+++	+++
		Dia 3	-	+++	+++	+++
	Soro	Dia 1	-	+++	+++	+++
		Dia 2	-	+++	+++	+++
		Dia 3	-	-	-	-
Amostras post-mortem	Baço	Todas as amostras de PM foram colhidas imediatamente após a morte das aves, 3 a 4 dias após a infeção	-	+++	+++	+++
	Pulmão		-	+++	+++	+++
	Cólon		++	+++	+++	+++

| | Cérebro | | - | +++ | +++ | +++ |

PM = Post-mortem, HA = Atividade de hemaglutinação, AF = Líquido alantóico, ICF = Líquido de cultura infetado, RT-PCR = Reação em cadeia da polimerase com transcriptase reversa

Quadro 9. Deteção do vírus da doença de Newcastle nas amostras clínicas e post mortem de galinhas poedeiras infectadas experimentalmente através da via intramuscular de inoculação

| Rota | Tipo de amostras recolhidas | | Recolha de amostras em dias | Determinação da presença de vírus por teste direto de HA | | | Resultados da RT- PCR |
				Homogenato/suspensão direta de tecidos	AF	ICF	
Intramuscular	Amostras clínicas	Esfregaço traqueal	Dia 1	-	+++	+++	+++
			Dia 2	-	+++	+++	+++
			Dia 3	-	+++	+++	+++
		Esfregaço cloacal	Dia 1	-	+++	+++	+++
			Dia 2	++	+++	+++	+++
			Dia 3	-	+++	+++	+++
		Soro	Dia 1	-	+++	+++	+++
			Dia 2	-	+++	+++	+++
			Dia 3	-	-	-	-
	Amostras post-mortem	Baço	Todas as amostras de PM foram colhidas imediatamente após a morte das aves, 3 a 4 dias após a infeção	-	+++	+++	+++
		Pulmão		-	+++	+++	+++
		Cólon		++	+++	+++	+++
		Cérebro		-	+++	+++	+++

PM = Post-mortem, HA = Atividade de hemaglutinação, AF = Líquido alantóico, ICF = Líquido de cultura infetado, RT-PCR = Reação em cadeia da polimerase com transcriptase reversa

Quadro 10. Deteção do vírus da doença de Newcastle nas amostras clínicas e post mortem de galinhas poedeiras infectadas experimentalmente através da via de

inoculação intranasal

Rota	Tipo de amostras recolhidas		Recolha de amostras em dias	Determinação da presença de vírus por teste direto de HA			Resultados da RT- PCR
				Homogenato/suspensão direta de tecidos	AF	ICF	
Intranasal	Amostras clínicas	Esfregaço traqueal	Dia 1	-	+++	+++	+++
			Dia 2	-	+++	+++	+++
			Dia 3	-	+++	+++	+++
		Esfregaço cloacal	Dia 1	-	+++	+++	+++
			Dia 2	++	+++	+++	+++
			Dia 3	-	+++	+++	+++
		Soro	Dia 1	-	+++	+++	+++
			Dia 2	-	+++	+++	+++
			Dia 3	-	-	-	-
	Amostras post-mortem	Baço	Todas as amostras de PM foram colhidas imediatamente após a morte das aves, 3 a 4 dias após a infeção	-	+++	+++	+++
		Pulmão		-	+++	+++	+++
		Cólon		++	+++	+++	+++
		Cérebro		-	+++	+++	+++

PM = Post-mortem, HA = Atividade de hemaglutinação, AF = Líquido alantóico, ICF = Líquido de cultura infetado, RT-PCR = Reação em cadeia da polimerase com transcriptase reversa

Quadro 11. Deteção do vírus da doença de Newcastle nas amostras clínicas e post-mortem de galinhas poedeiras infectadas experimentalmente através da via oral de inoculação

Rota	Tipo de amostras recolhidas	Recolha de amostras em dias	Determinação da presença de vírus por teste direto de HA			Resultados da RT- PCR
			Homogenato/suspensão direta de tecidos	AF	ICF	

Rota	Tipo de amostras recolhidas		Recolha de amostras em dias	Homogenato/suspensão direta de tecidos	AF	ICF	Resultados da RT-PCR
Oral	Amostras clínicas	Esfregaço traqueal	Dia 1	-	+++	+++	+++
			Dia 2	-	+++	+++	+++
			Dia 3	-	+++	+++	+++
		Esfregaço cloacal	Dia 1	-	+++	+++	+++
			Dia 2	++	+++	+++	+++
			Dia 3	-	+++	+++	+++
		Soro	Dia 1	-	+++	+++	+++
			Dia 2	-	+++	+++	+++
			Dia 3	-	-	-	-
	Amostras post-mortem	Baço	Todas as amostras de MP foram colhidas imediatamente após a morte das aves, 3 a 4 dias após a infeção	-	+++	+++	+++
		Pulmão		-	+++	+++	+++
		Cólon		++	+++	+++	+++
		Cérebro		-	+++	+++	+++

PM = Post-mortem, HA = Atividade de hemaglutinação, AF = Líquido alantóico, ICF = Líquido de cultura infetado, RT-PCR = Reação em cadeia da polimerase com transcriptase reversa

Quadro 12. Deteção do vírus da doença de Newcastle nas amostras clínicas e post-mortem de galinhas poedeiras infectadas experimentalmente através da via de inoculação intracloacal

Rota	Tipo de amostras recolhidas	Recolha de amostras em dias	Determinação da presença de vírus por teste direto de HA			Resultados da RT- PCR
			Homogenato/suspensão direta de tecidos	AF	ICF	
Intracloacal	Amostras clínicas	Esfregaço traqueal				
		Dia 1	-	+++	+++	+++
		Dia 2	-	+++	+++	+++
		Dia 3	-	+++	+++	+++
		Esfregaço cloacal				
		Dia 1	-	+++	+++	+++
		Dia 2	++	+++	+++	+++

			Homogenato/suspensão direta de tecidos	AF	ICF	Resultados da RT-PCR
		Dia 3	-	+++	+++	+++
	Soro	Dia 1	-	+++	+++	+++
		Dia 2	-	+++	+++	+++
		Dia 3	-	-	-	-
Amostras post-mortem	Baço		-	+++	+++	+++
	Pulmão	Todas as amostras de PM foram colhidas imediatamente após a morte das aves, 3 a 4 dias após a infeção	-	+++	+++	+++
	Cólon		++	+++	+++	+++
	Cérebro		-	+++	+++	+++

PM = Post-mortem, HA = Atividade de hemaglutinação, AF = Líquido alantóico, ICF = Líquido de cultura infetado, RT-PCR = Reação em cadeia da polimerase com transcriptase reversa

Quadro 13. Deteção do vírus da doença de Newcastle nas amostras clínicas e post-mortem de galinhas poedeiras infectadas experimentalmente através da via de inoculação intraocular

Rota	Tipo de amostras recolhidas	Recolha de amostras em dias	Determinação da presença de vírus por teste direto de HA			Resultados da RT-PCR
			Homogenato/suspensão direta de tecidos	AF	ICF	
Intraocular	Amostras clínicas	Esfregaço traqueal	Dia 1	-	+++	+++	+++
			Dia 2	-	+++	+++	+++
			Dia 3	-	+++	+++	+++
		Esfregaço cloacal	Dia 1	-	+++	+++	+++
			Dia 2	++	+++	+++	+++
			Dia 3	-	+++	+++	+++
		Soro	Dia 1	-	+++	+++	+++
			Dia 2	-	+++	+++	+++
			Dia 3	-	-	-	-

			Homogenato/suspensão direta de tecidos	AF	ICF	RT-PCR
Amostras post-mortem	Baço	Todas as amostras de PM foram colhidas imediatamente após a morte das aves, 3 a 4 dias após a infeção	-	+++	+++	+++
	Pulmão		-	+++	+++	+++
	Cólon		++	+++	+++	+++
	Cérebro		-	+++	+++	+++

PM = Post-mortem, HA = Atividade de hemaglutinação, AF = Líquido alantóico, ICF = Líquido de cultura infetado, RT-PCR = Reação em cadeia da polimerase com transcriptase reversa

Quadro 14. Deteção do vírus da doença de Newcastle nas amostras clínicas e post-mortem de galinhas poedeiras naturalmente infectadas

Tipo de amostras recolhidas		Recolha de amostras em dias	Determinação da presença de vírus por teste direto de HA			Resultados da RT- PCR
			Homogenato/suspensão direta de tecidos	AF	ICF	
Amostras clínicas	Esfregaço traqueal	Dia 1	-	+++	+++	+++
		Dia 2	-	+++	+++	+++
		Dia 3	-	+++	+++	+++
	Esfregaço cloacal	Dia 1	-	+++	+++	+++
		Dia 2	++	+++	+++	+++
		Dia 3	-	+++	+++	+++
	Soro	Dia 1	-	+++	+++	+++
		Dia 2	-	+++	+++	+++
		Dia 3	-	-	-	-
Amostras post-mortem	Baço	Todas as amostras de PM foram colhidas imediatamente após a morte das aves, 3 a 4 dias após a infeção	-	+++	+++	+++
	Pulmão		-	+++	+++	+++
	Cólon		++	+++	+++	+++

| | Cérebro | | | - | +++ | +++ | +++ |

PM = Post-mortem, HA = Atividade de hemaglutinação, AF = Líquido alantóico, ICF = Líquido de cultura infetado, RT-PCR = Reação em cadeia da polimerase com transcriptase reversa

4.5 Resultados da distribuição do vírus da doença de Newcastle em diferentes órgãos

A distribuição do vírus da doença de Newcastle foi estudada em diferentes órgãos de galinhas poedeiras e frangos de carne infectados experimentalmente através de cinco vias diferentes de inoculação: IM, IN, IC, Oral e IO. A maioria dos frangos morreu no terceiro ou quarto dia após a infeção. Após a morte, foram colhidas assepticamente amostras post mortem, como o baço, o cólon, o cérebro e os pulmões, e observou-se a distribuição do vírus nestes órgãos por isolamento através de cultura de embriões de aves e de CEF. A presença de vírus foi determinada a partir do homogenato direto de tecido, da FA e da FCI através do teste direto de HA (quadros 17 e 18).

4.6 Resultados da reação em cadeia da polimerase com transcrição reversa (RT-PCR)

Os iniciadores específicos do NDV utilizados na RT-PCR direta para a deteção do genoma do NDV mostraram igual sensibilidade e especificidade com o ARN extraído das amostras clínicas, post-mortem e laboratoriais (FA e ICF) e com o ARN genómico do NDV padrão (quadro 3-14).

Tabela 15. Perfil do registo da temperatura corporal de frangos de carne após o estabelecimento experimental da infeção pelo vírus da doença de Newcastle através de cinco vias diferentes de inoculação

Temp. Rec. em dias	N.º de aves inoculadas	Dose de inóculo para cada via	Perfil do registo de temperatura em graus Celsius (°C)				
			IM	IO	IC	IN	Oral
Dia 0			[a]41.3±0.2	[a]41.3±0.2	[a]41.3±0.2	[a]41.3±0.2	[a]41.3±0.2
Dia 1	Cinco aves de pintos de 2 semanas de idade não vácuos	106,5 EID50 /0,5 ml de AF/ave	[b]41.9±0.3	[b]41.7±0.3	[b]41.8±0.3	[b]41.8±0.3	[b]41.6±0.3
Dia 2			[c]42.4 ± 0.4	[c]42.5 ± 0.5	[c]42.5 ± 0.5	[c]42.6 ± 0.4	[c]42.5 ± 0.4
Dia3			[d]34.7 ± 0.4	[d]34.6 ± 0.4	[d]34.7 ± 0.4	[d]34.6 ± 0.4	[d]34.7 ± 0.4

| Dia 4 | | X | X | X | [d]34.7 ± 0.5 | [d]34.6 ± 0.5 |

a = indica a média da temperatura corporal normal de cinco aves; b = indica a temperatura corporal dos pintos um dia após a inoculação; c = indica a temperatura corporal mais elevada dos pintos no segundo dia após a infeção; d = indica a temperatura corporal mais baixa dos pintos imediatamente antes da morte no terceiro e quarto dias após a inoculação, respetivamente, entre cinco vias diferentes de infeção; X = indica que nenhum dos pintos doentes permaneceu vivo depois de apresentarem a sua temperatura corporal de 34,6±0,4° C a 34,7±0,5° C, respetivamente.

IM = Intramuscular, IO = Intraocular, IC = intracloacal, IN = intranasal.

Tabela 16. Perfil do registo da temperatura corporal de galinhas poedeiras após o estabelecimento experimental da infeção pelo vírus da doença de Newcastle através de cinco vias diferentes de inoculação

Temp. Rec. em dias	N.º de aves inoculadas	Dose de inóculo para cada via	Perfil do registo de temperatura em graus Celsius (°C)				
			IM	IO	IC	IN	Oral
Dia 0	Cinco aves de pintos de 2 semanas de idade, poedeiras não vacinadas	106,5 EID50 /0,5 ml de FA/ave	[a]41.3±0.2	[a]41.3±0.2	[a]41.3±0.2	[a]41.3±0.2	[a]41.3±0.2
Dia 1			[b]41.9±0.3	[b]41.7±0.3	[b]41.8±0.3	[b]41.8±0.3	[b]41.6±0.3
Dia 2			[c]42.4 ± 0.4	[c]42.5 ± 0.5	[c]42.5 ± 0.5	[c]42.6 ± 0.4	[c]42.5 ± 0.4
Dia3			[d]34.7 ± 0.4	[d]34.6 ± 0.4	[d]34.7 ± 0.4	[d]34.6 ± 0.4	[d]34.7 ± 0.4
Dia 4			X	X	X	[d]34.7 ± 0.5	[d]34.6 ± 0.5

a = indica a média da temperatura corporal normal de cinco aves; b – indica a temperatura corporal dos pintos um dia após a inoculação; c = indica a temperatura corporal mais elevada dos pintos no segundo dia após a infeção; d = indica a temperatura corporal mais baixa dos pintos imediatamente antes da morte no terceiro e quarto dias após a inoculação, respetivamente, entre cinco vias diferentes de infeção; X = indica que nenhum dos pintos doentes permaneceu vivo depois de apresentarem a sua temperatura corporal de 34,6±0,4° C a 34,7+0,5° C, respetivamente.

IM = Intramuscular, IO = Intraocular, IC = intracloacal, IN = intranasal.

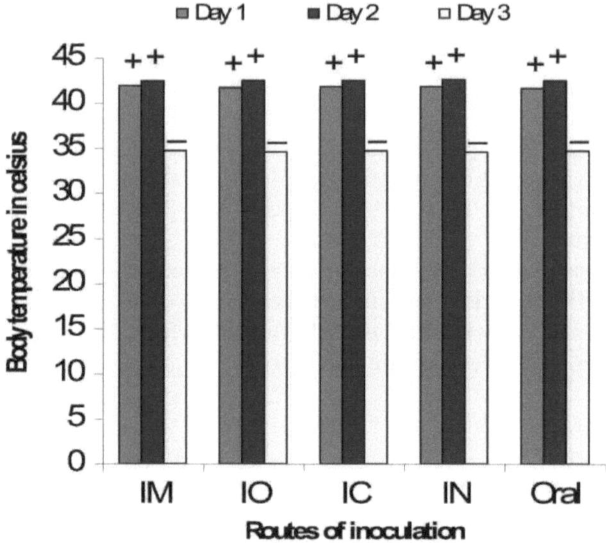

+ = Indica positivo para o isolamento do vírus
- = Indica negativo para o isolamento do vírus

Fig. 4 Representação gráfica do perfil de registo da temperatura em relação ao isolamento do vírus a partir de amostras de sangue de frangos de carne e de galinhas poedeiras após o estabelecimento experimental da infeção pelo vírus da doença de Newcastle através de cinco vias diferentes de inoculação, conforme indicado nos quadros 15 e 16

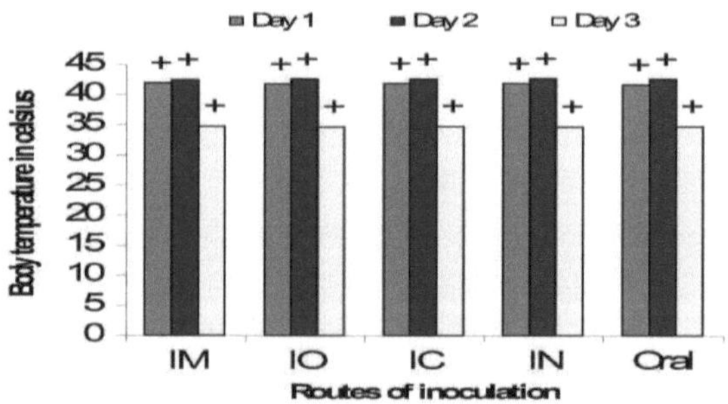

+ = Indica positivo para o isolamento do vírus
- = Indica negativo para o isolamento do vírus

Fig. 5 Representação gráfica do perfil de registo da temperatura em relação ao isolamento do vírus a partir de amostras de esfregaços traqueais de frangos de carne e de galinhas poedeiras após o estabelecimento experimental da infeção pelo

vírus da doença de Newcastle através de cinco vias diferentes de inoculação, conforme apresentado nos quadros 15 e 16

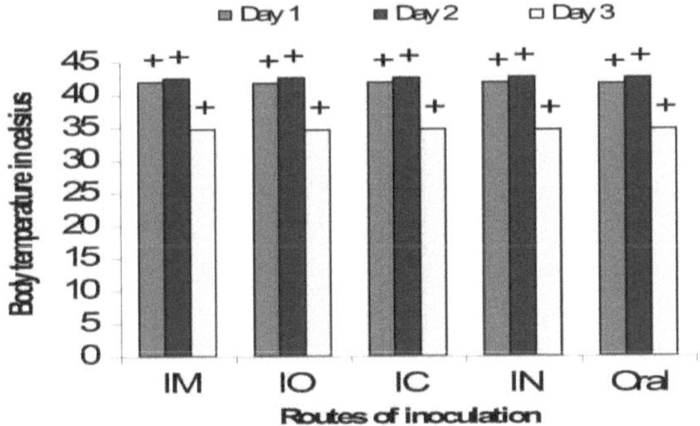

+ = Indica positivo para o isolamento do vírus
- = Indica negativo para o isolamento do vírus

Fig. 6 Representação gráfica do perfil do registo de temperatura em relação ao isolamento do vírus a partir de amostras de esfregaços cloacais de frangos de carne e galinhas poedeiras após o estabelecimento experimental da infeção pelo vírus da doença de Newcastle através de cinco vias diferentes de inoculação, conforme indicado nos quadros 15 e 16

Tabela 17. Distribuição do vírus da doença de Newcastle em diferentes órgãos de frangos de carne infectados experimentalmente

Diferentes Vias de inoculação	Tipo de amostras (^colheita de amostras em dias)	Determinação da presença de vírus por teste direto de HA		
		Homogeneizado/suspensão direta de tecidos	AF	ICF
IM	Baço	-	۱۱۱	+++
	Pulmões	-	+++	+++
	Cólon	++	+++	+++
	Cérebro	-	+++	+++
IC	Baço	-	+++	+++
	Pulmão	-	+++	+++
	Cólon	++	+++	+++
	Cérebro	-	+++	+++
IN	Baço	-	+++	+++
	Pulmão	-	+++	+++
	Cólon	++	+++	+++
	Cérebro	-	+++	+++

IO	Baço	-	+++	+++
	Pulmão	-	+++	+++
	Cólon	++	+++	+++
	Cérebro	-	+++	+++
Oral	Baço	-	+++	+++
	Pulmão	-	+++	+++
	Cólon	++	+++	+++
	Cérebro	-	+++	+++

* Todas as amostras post mortem foram colhidas imediatamente após a morte, 3-4 dias após a infeção das aves. IM = intramuscular, IC = intracloacal, IN = intranasal, IO = intraocular.

Quadro 18. Distribuição do vírus da doença de Newcastle em diferentes órgãos de galinhas poedeiras infectadas experimentalmente

Diferentes Vias de inoculação	Tipo de amostras (^colheita de amostras em dias)	Determinação da presença de vírus por teste direto de HA		
		Homogeneização/suspensão direta de tecidos	AF	ICF
IM	Baço	-	+++	+++
	Pulmões	-	+++	+++
	Cólon	++	+++	+++
	Cérebro	-	+++	+++
IC	Baço	-	+++	+++
	Pulmão	-	+++	+++
	Cólon	++	+++	+++
	Cérebro	-	+++	+++
IN	Baço	-	+++	+++
	Pulmão	-	+++	+++
	Cólon	++	+++	+++
	Cérebro	-	+++	+++
IO	Baço	-	+++	+++
	Pulmão	-	+++	+++
	Cólon	++	+++	+++
	Cérebro	-	+++	+++
Oral	Baço	-	+++	+++

Pulmão	-	+++	+++
Cólon	++	+++	+++
Cérebro	-	+++	+++

* Todas as amostras post mortem foram colhidas imediatamente após a morte, 3-4 dias após a infeção das aves. IM = intramuscular, IC = intracloacal, IN = intranasal, IO = intraocular.

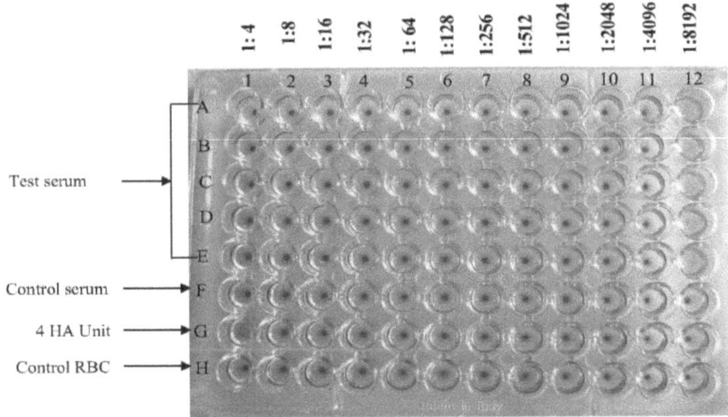

Placa 7. Identificação do vírus da doença de Newcastle da FA pelo teste HI utilizando antissoro

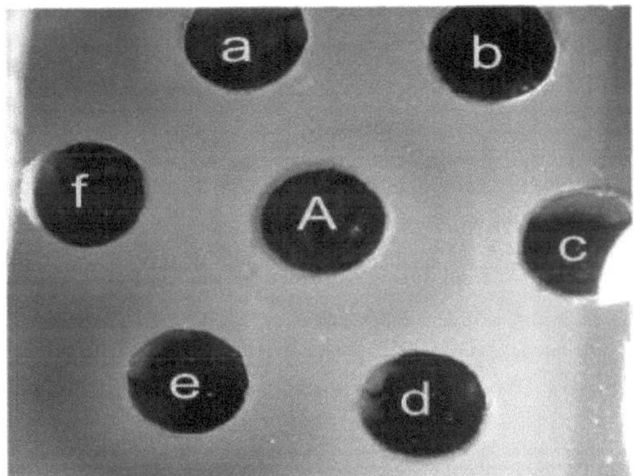

Placa 8. Imunodifusão de anti soros contra fluido alantóico tratado com NP40 a indicando FA de zaragatoa traqueal, c indicando FA de zaragatoa cloacal, d indicando FA de PBS, e indicando FA de cérebro, f indicando FA de amostra de cólon e b indicando PBS, e A indicando soro de galinha anti-VDN

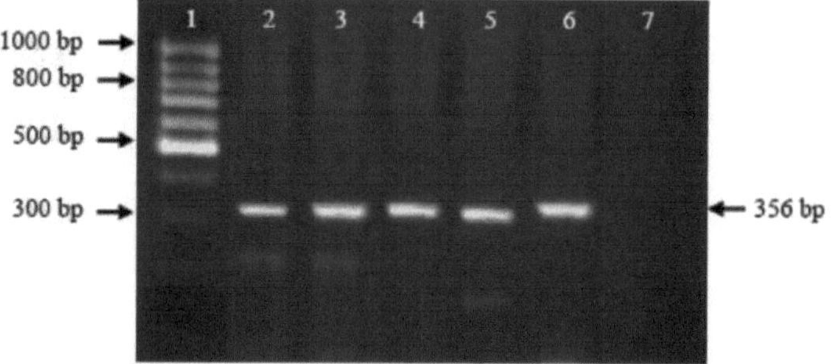

Placa 9. Produtos de RT-PCR (356 pb) amplificados a partir de amostras de campo e de uma estirpe de referência de NDV visualizados após eletroforese em gel de agarose a 1,5% corado com brometo de etídio. Pista 1 = Marcador de ADN (100 pb), Pista 2 = Controlo positivo (estirpe Komarov do NDV), Pistas 3-4 = Amostras clínicas (esfregaços traqueais e cloacais), Pista 5 = Amostra post mortem (baço), Pista 6 = Amostra laboratorial (líquido alantóico), Pista 7 = Controlo negativo (IBDV)

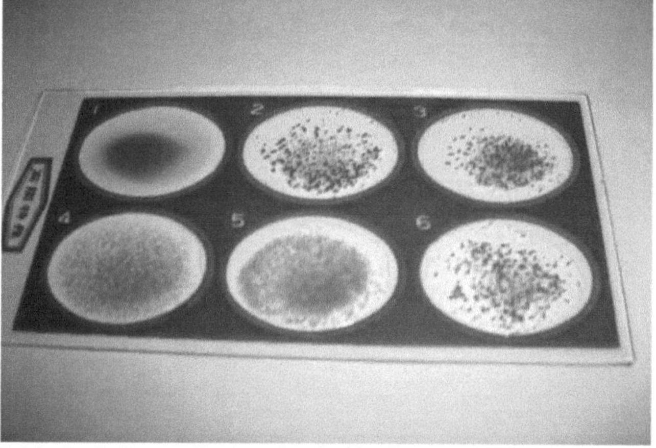

Placa 10. Atividade de hemaglutinação do líquido alantóico de esfregaço traqueal (2), esfregaço cloacal (3), sangue (4), baço (5), cólon (6) e controlo (1)

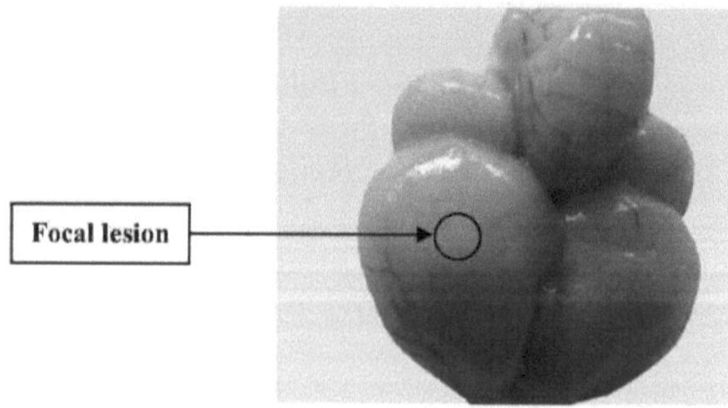

Placa 11. Uma lesão focal típica no cérebro de uma ave infetada com NDV

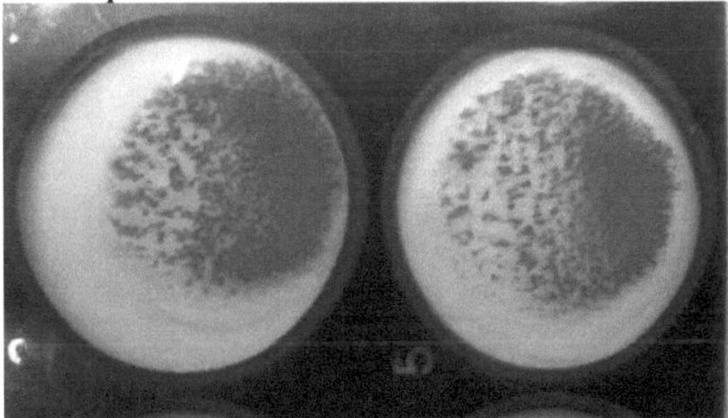

Placa 11. Uma lesão focal típica no cérebro de uma ave infetada com NDV

Placa 12. Atividade de hemaglutinação direta de amostras de cólon (à esquerda) e de esfregaço cloacal (à direita)

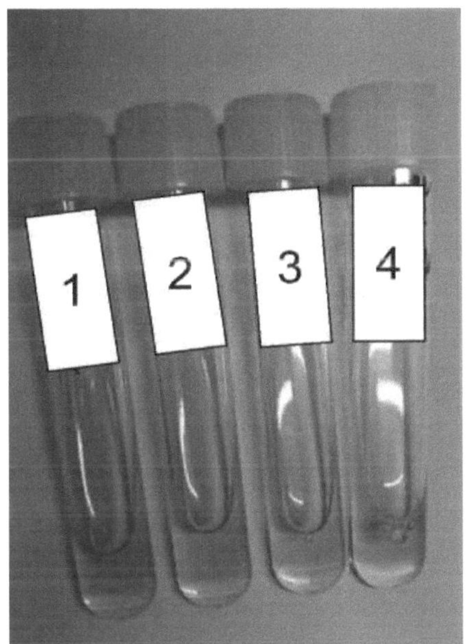

Placa 13. Isolamento do vírus em cultura de células de fibroblastos de embrião de galinha
O tubo 1 indica o vírus de controlo positivo, os tubos 2 e 3 indicam o vírus isolado de frangos de carne e de poedeiras, respetivamente, e o tubo 4 indica o controlo negativo

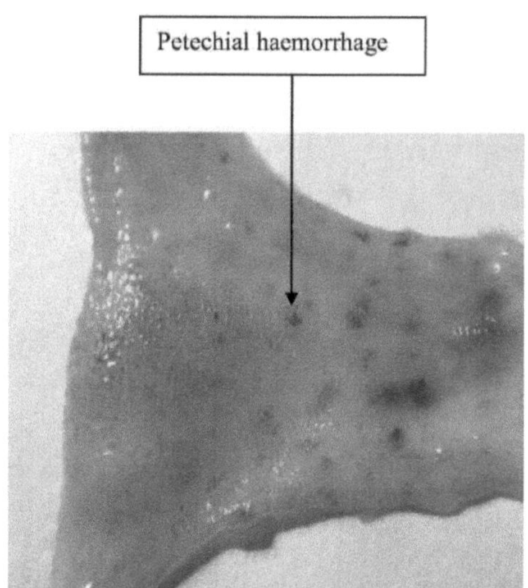

Placa 14. Hemorragia petequial no cólon

CAPÍTULO 5
DISCUSSÃO

O presente trabalho de investigação foi realizado com o objetivo de estabelecer a PCR-RT como um método de diagnóstico molecular rápido, sensível, económico e fiável, em comparação com os métodos tradicionais, como o isolamento do vírus e os testes serológicos (HIT, AGIDT), para a deteção do vírus da doença de Newcastle a partir de amostras clínicas (zaragatoa traqueal, zaragatoa cloacal e soro), bem como de amostras post mortem (baço, pulmões, cólon e cérebro) de galinhas de diferentes zonas de surto do Bangladesh.

Os resultados do isolamento do vírus no presente estudo revelaram que, entre 160 amostras, incluindo amostras clínicas e post mortem de galinhas poedeiras e frangos de carne infectados natural e experimentalmente, o vírus da doença de Newcastle foi isolado de 128 amostras utilizando embriões de aves e confirmado pelos testes HA e HI. Entre as amostras clínicas de galinhas poedeiras e de frangos de carne infectados natural e experimentalmente, a taxa de isolamento do vírus foi mais elevada na zaragatoa traqueal (90%) do que na zaragatoa cloacal (85%) e no soro (65%). A taxa mais elevada de isolamento do VDN a partir de esfregaço traqueal neste estudo pode dever-se à presença da carga máxima do vírus na traqueia durante o curso da infeção. Uma vez que o VDN se propaga normalmente por aerossol e ingestão, o vírus pode ter a possibilidade de se disseminar rapidamente através da traqueia. A zaragatoa traqueal pode ser considerada como a melhor fonte de VDN durante a recolha de amostras, tanto de casos clínicos como experimentais. Por outro lado, entre os quatro tipos diferentes de amostras post mortem, a taxa de isolamento do vírus foi mais elevada no baço (100%) em comparação com as amostras de pulmões (80%), cólon (60%) e cérebro (80%). Uma vez que o baço é um órgão linfoide que filtra o sangue, durante o estado virémico existe a possibilidade de infiltração do VDN do sangue para o baço. Por esse motivo, a concentração do vírus e a taxa de infeção podem ser mais elevadas no baço e este pode ser a melhor fonte de vírus em comparação com outros órgãos recolhidos durante a amostragem post mortem dos casos naturais e experimentais. Os resultados do isolamento do NDV do presente estudo apoiam os resultados de Majid e Peter (2006); Krzysztof *et al.* (2006); Singh *et al.* (2005); Zanetti *et al.* (2005). Entre eles, Majid e Peter isolaram o VDN do sangue, e outros cientistas isolaram o VDN de esfregaço traqueal, esfregaço cloacal, baço, pulmão, cólon e cérebro a uma taxa quase semelhante, tanto de casos naturais como experimentais. Neste estudo, o vírus da ND foi isolado de 155 de um total de 160 amostras colhidas, propagando-se no sistema de cultura de células CEF e confirmado pelos testes HA e HI. A taxa de isolamento do vírus no sistema de cultura de células CEF a partir de todas as amostras clínicas e post mortem acima referidas foi quase semelhante (100%), com exceção das amostras de soro. As amostras de soro foram colhidas no dia 1, no dia 2 e no dia 3 da pós-infeção e o isolamento do vírus só foi possível a partir das amostras de sangue colhidas no dia 1 e no dia 2. Nenhuma das amostras de soro foi considerada positiva para o isolamento do vírus, uma vez que foram colhidas no terceiro dia, utilizando tanto o sistema de cultura de células de embriões de aves como o sistema de cultura de células CEF. O insucesso do isolamento do vírus a partir das amostras de sangue no dia 3 pode dever-se ao alojamento do vírus em diferentes tecidos das aves infectadas no dia 3 da pós-infeção. Os resultados do isolamento do NDV utilizando o sistema de cultura de células CEF estão em estreita concordância com os resultados de Mohan *et al.,* (2005) e Takehara *et al.,* (1987). No seu estudo, conseguiram isolar uma taxa mais elevada de NDV utilizando o sistema de cultura CEF em comparação com o sistema de embriões de aves. Verificou-se que a taxa de isolamento do vírus das amostras clínicas e post-mortem, com exceção do soro do terceiro dia, era de 100% em cultura celular, em comparação com a do embrião de ave, uma vez que a taxa de isolamento varia (quadros 1 e 2). A taxa reduzida de isolamento do vírus no embrião de aves pode dever-se à presença de anticorpos maternos.

O registo da temperatura das galinhas poedeiras e dos frangos de carne infectados experimentalmente no presente estudo revelou que existia uma forte relação entre a distribuição dos tecidos e a libertação do vírus com o aumento e a diminuição da temperatura corporal durante o curso da infeção. A temperatura corporal mais elevada ($42,6 \pm 0,4^0$ C) foi registada tanto nas galinhas poedeiras como nos frangos de carne após o estabelecimento da infeção através de cinco vias diferentes de inoculação, no segundo dia pós-infeção, em que o vírus apareceu no sangue e noutros tecidos e na sua excreção, ao passo que o vírus livre estava quase ausente no sangue quando a temperatura corporal (subnormal) foi registada imediatamente antes da morte. A diminuição da temperatura corporal imediatamente antes da morte pode dever-se a diarreia abundante, desidratação e falta de água potável. Entre as cinco vias diferentes de infeção, nenhuma das galinhas doentes sobreviveu quando a sua temperatura corporal desceu num intervalo entre $34,6 \pm 0,4^0$ C e $34,7 \pm 0,5^0$ C imediatamente antes da morte.

Entre as amostras clínicas e post-mortem, o inóculo apenas da zaragatoa cloacal e do cólon mostrou atividade direta de HA com 1,5% de hemácias num teste em placa. Este facto pode dever-se à presença de uma elevada concentração de VDN livre em ambos os tipos de amostras durante a fase inicial e avançada da doença.

O soro hiper-imune anti-NDV revelou uma inibição completa das 4 unidades de hemaglutinação (HAU) de cada isolado de vírus isolado das galinhas poedeiras e dos frangos de carne presentes nas amostras de laboratório (AF e ICF). Os resultados dos testes de inibição da hemaglutinação do presente estudo apoiam diretamente as conclusões de Manin *et al.* (2002), Peroulis e O'Riley (2004) e Seal *et al.* (2005), que confirmaram o diagnóstico de NDV através do teste de inibição da hemaglutinação.

Durante o teste de imunodifusão em gel de ágar (AGIDT) com vírus da ND isolados, foram encontradas linhas internas e externas de precipitação das proteínas MP e HN num padrão semelhante no gel, não tendo sido observada qualquer diferença entre as proteínas MP e HN dos vírus das galinhas poedeiras e dos frangos de carne, o que indica que ambos os vírus das duas áreas de surto são idênticos. As conclusões do presente estudo estão em forte consonância com as conclusões de Kida e Yanagawa (1981), que distinguiram todos os antigénios, incluindo o antigénio da proteína da matriz interna (MP) e o antigénio HN do vírus da ND, utilizando AGIDT.

Nos métodos de diagnóstico convencionais, o vírus da ND é geralmente detectado através da propagação do vírus em ovos embrionados, seguida de testes serológicos (HIT e VNT). Para o diagnóstico confirmatório do vírus da DN, são essenciais testes de antigenecidade e patogenecidade. O diagnóstico rápido de campo da ND baseia-se no teste de HA em lâmina da FA após a recolha de fluido dos embriões inoculados. Atualmente, os métodos convencionais são amplamente utilizados para o diagnóstico da DN, mas estes têm algumas limitações. Esses métodos são comparativamente menos sensíveis, bem como demorados, dispendiosos e laboriosos. Por vezes, o isolamento do vírus através da inoculação de ovos enfrenta dificuldades devido à indisponibilidade de ovos férteis. A utilização de métodos convencionais demora, pelo menos, duas semanas a obter o resultado para o diagnóstico confirmatório da DN. A identificação dos vírus como NDV e a determinação da sua patogenecidade também não fornecem informações que permitam avaliar a fonte dos vírus e o modo da sua transmissão.

Pelo contrário, o genoma do vírus da ND pode ser detectado a partir de qualquer tipo de amostra no prazo de 4 a 5 horas após a recolha das amostras. Embora seja um pouco dispendioso, se for estabelecido no laboratório, será um método mais eficaz para a deteção rápida do vírus da ND nos campos. A RT-PCR não demonstrou qualquer reatividade cruzada com outros serótipos de paramixovírus aviário, ortomixovírus e oferece ainda a possibilidade de sequenciação subsequente do ADN amplificado, permitindo a patiotipagem do isolado.

Dado que a doença de Newcastle é uma das doenças infecciosas e virais mais importantes das aves de capoeira e responsável por perdas económicas consideráveis no sector avícola todos os anos, a deteção e identificação rápidas dos vírus são cruciais para a adaptação de um controlo eficaz da doença. Do ponto de vista acima referido, a RT-PCR não tem alternativa para o diagnóstico rápido e confirmatório do NDV em qualquer forma de surto da doença.

Os genomas do NDV foram detectados por RT-PCR direta utilizando iniciadores específicos do NDV isolados de todas as amostras clínicas e post-mortem das galinhas poedeiras e dos frangos de carne infectados. Os resultados da deteção molecular do presente estudo estão em grande medida de acordo com as conclusões de Jestin e Jestin, 1991; Pedersen *et al.*, 2000; Kant *et al.*, 1997; Gohm *et al.*, 2000; Creelan *et al.*, 2002; Meulema -ns *et al.*, 2002; Methavanan *et al.*, 2004.

Assim, os resultados do presente estudo indicam claramente que o método molecular (RT-PCR) de deteção do genoma do NDV é altamente sensível, específico, rápido e económico em comparação com o isolamento do vírus e os testes serológicos realizados como métodos convencionais de deteção a partir de amostras clínicas e post mortem das aves doentes e mortas das áreas enzoóticas e epizoóticas do Bangladesh.

RESUMO E CONCLUSÃO

O presente estudo foi concebido para comparar a sensibilidade, a rapidez e a viabilidade económica entre os métodos convencionais (isolamento do vírus e alguns testes serológicos) e modernos (RT-PCR) de diagnóstico da doença de Newcastle no campo e a nível laboratorial, utilizando amostras clínicas (zaragatoa traqueal, zaragatoa cloacal e soro) e amostras post-mortem (baço, pulmão, cólon e cérebro) de galinhas poedeiras e frangos de carne infectados natural e experimentalmente.

Isolamento do vírus a partir de um total de 160 amostras, incluindo amostras clínicas e post-mortem de galinhas poedeiras e frangos de carne infectados natural e experimentalmente, 128 amostras foram consideradas positivas em embriões de aves. Entre as amostras clínicas, a zaragatoa traqueal foi o melhor tipo de amostragem para o isolamento do vírus, em comparação com as amostras de zaragatoa cloacal e de soro, ao passo que, entre os quatro tipos diferentes de amostras post mortem, o baço foi o melhor tipo de amostragem para o isolamento do vírus, em comparação com as amostras de pulmões, cólon e cérebro. No sistema de cultura de células CEF, o vírus da ND foi isolado de 155 de um total de 160 amostras. A taxa de isolamento do vírus no sistema de cultura de células CEF a partir de todas as amostras clínicas e post-mortem foi quase semelhante (100%), com exceção das amostras de soro, e relativamente mais elevada em comparação com a da inoculação de embriões de aves. A temperatura corporal mais elevada ($42,6 \pm 0,4^0$ C) foi registada no segundo dia pós-infeção de galinhas poedeiras e frangos de carne infectados e a temperatura corporal mais baixa (subnormal) foi registada imediatamente antes da morte.

Entre as amostras clínicas e post-mortem, o inóculo apenas da zaragatoa cloacal e do cólon mostrou atividade direta de HA com 1,5% de hemácias num teste em placa. Para a despistagem do NDV, o teste HI foi considerado positivo, mas a despistagem do vírus através do teste de imunodifusão em gel de ágar foi considerada mais fiável e autêntica do que o teste HI.

A RT-PCR utilizada como método moderno de diagnóstico por deteção do genoma do NDV neste estudo foi capaz de detetar a maioria das amostras clínicas e post-mortem de galinhas poedeiras ou frangos de carne infectados natural ou experimentalmente a uma taxa mais rápida e sem falhas.

Com base nos resultados deste estudo, pode concluir-se que

(1) A taxa de isolamento do vírus a partir das amostras clínicas e post mortem utilizando embriões de aves foi relativamente menor (80%) em comparação com a do sistema de cultura de células CEF (100%) de isolamento.

(2) A temperatura corporal mais elevada no dia 1 e no dia 2 da pós-infeção foi considerada a melhor altura de amostragem para o isolamento do vírus do sangue neste estudo.

(3) Os vírus das galinhas poedeiras e dos frangos de carne de duas explorações diferentes eram idênticos no AGIDT.

(4) A RT-PCR direta foi considerada um instrumento altamente sensível, específico, rápido, económico e fiável para o diagnóstico de confirmação através da deteção do genoma do NDV, tanto a partir de amostras clínicas como post mortem de aves doentes ou mortas das zonas enzoóticas e epizoóticas do Bangladesh.

REFERÊNCIAS

Abolnik, C.; Horner, R. F.; Maharaj, R. e Viljoen, G. J. 2004. Caracterização de um paramixovírus de pombo (PPMV-1) isolado de galinhas na África do Sul. *Onderstep J Vet Res.* **71(2)** : 157 - 60.

Alexander, D. J. 2003. Doença de Newcastle, outros paramixovírus aviários e infecções por pneumovírus. In: Saif, Y.; Barnes, J. H.; Glisson, J. R.; Fadly, A. M.; McDouglad, L. R. e Swayne, D. E.; *Diseases of poultry.* 11th edn., Iowa State University Press, Ames, *EUA.* pp . 63 - 99.

Alexander, D. J.; Manvell, R. J. e Parsons, G. 2006. Vírus da doença de Newcastle (estirpe Herts 33/56) em tecidos e órgãos de frangos infectados experimentalmente.1: *Avian Pathol.* **35(2)** : 99 - 101.

Anon. 1971. Methods for examining poultry biologics and for identifying and quantifying avian pathogens. Doença de Newcastle, p. 66. Academia Nacional de Ciências, Washington, D. C.

Barbezange, C. e Jestin, V. 2005. Estudo molecular da evolução quasispecífica de um paramixovírus típico de pombo tipo 1 após passagens em série em pombos por contacto. *Avian pathol.* **34** : 111 - 122

Barbezange, C. e Jestin, V. 2002. Development of a RT-nested PCR test detecting pigeon Paramyxovirus-1 directly from organs of infected animals. *J Virol Methods.* **106(2)** : 197 - 207.

Barlic, M. D.; Krapez, U.; Mankoc, S.; Toplak, I. e Rojs, O. Z. 2005. Análise da sequência de genes de fusão e de proteínas matriciais de Paramyxovirus do tipo 1 (PMV-1) isolados de pombos na Eslovénia. *Virus Genes.* **31(3)** : 265 - 73.

Beard, C. W. e Hanson, R. P. 1984. Doença de Newcastle. *In*: M. S. Hofstad, H. J. Barnes, B.W. Calnek, W. M. Reid e H. W. Yoder (Eds.), *Diseases of Poultry.* 8th edn., Iowa State University Press, Ames, EUA. pp. 452 - 470.

Biancifiori, F. e Fioroni, A. 1983. Uma ocorrência da doença de Newcastle em pombos: estudos virológicos e serológicos dos isolados. *Comp Immunol Microbiol Infect Dis.* **6(3)** : 247 - 52.

Brown, C. C.; King, D. J. e Seal, B. S. 1999. Comparação de técnicas baseadas na patologia para a deteção do vírus viscerotrópico velogénico da doença de Newcastle em galinhas. *J Comp Pathol.* **120(4)** : 383 - 9.

Brown, C.; King, D. J. e Seal, B. S. 1999. Patogénese da doença de Newcastle em galinhas infectadas experimentalmente com vírus de virulência diferente. *Vet Pathol.* **36(2)** : 125 - 32.

Capua, I.; Dalla, P. M.; Mutinelli, F.; Marangon, S.; e Terregino, C. 2002. Surtos de doença de Newcastle em Itália em 2000. *Vet Rec.* **150(18)** : 565 - 8.

Chen, J. P. e Wang, C. H. 2002. Phylogenetic analysis of Newcastle disease virus in Taiwan (Análise filogenética do vírus da doença de Newcastle em Taiwan). *J Microbiol Immunol Infect.* **35(4)** : 223 - 8.

Chowdhury, T. I. M. F. R.; Sarker, A. J.; Amin, M. M. e Hossain, W. I.

M. A. 1982. Studies on Newcastle disease in Bangladesh. A Research Report, Sec 2. The role of residual maternal antibody on immune response and selection of an optimum age for primary vaccination of chicks. pp. 12 - 22.

Creelan, J. L.; Graham, D. A. e McCullough, S. J. 2002. Deteção e diferenciação da patogenicidade do serótipo 1 do paramixovírus aviário a partir de casos de campo utilizando a reação em cadeia da polimerase com transcriptase reversa numa fase. *Avian Pathol.* **31(5)** : 493 - 499.

Crossley, B. M.; Hietala, S. K.; Shih, L. M.; Lee, L.; Skowronski, E. W. e Ardans, A. A. 2005. High-throughput real-time RT-PCR assay to detect the exotic Newcastle Disease Virus during the California 2002-2003 outbreak. *J Vet Diagn Invest.* **17(2)** : 124 - 32.

de Leeuw, O. S. e Peeters, B. 1999. Sequência completa de nucleótidos do vírus da doença de Newcastle: provas da existência de um novo género na subfamília *Paramyxovirinae. J Gen Virol.* **80** : 131- 136.

Ezeibe, M. C. e Ndip, E. T. 2005. Tempo de eluição de glóbulos vermelhos de estirpes do vírus da doença de Newcastle. *J Vet Sci.* **6(4)** : 287 - 8.

Gohm, D. S.; Thur, B. e Hofmann, M. A. 2000. Deteção do vírus da doença de Newcastle em órgãos e fezes de galinhas experimentalmente infectadas utilizando RT-PCR. *Avian Pathol.* **29** : 143 - 152.

Gould, A. R.; Kattenbelt, J. A.; Selleck, P.; Hansson, E.; Della-Porta, A. e Westbury, H. A. 2001. Virulent Newcastle disease in Australia: molecular epidemiological analysis of viruses isolated prior to and during the outbreaks of 1998-2000. *Virus Res.* **77(1)** : 51 - 60.

Hossain, W. I. M. A.; Chowdhury, T. I. M. F.; Amin, M. M. e Rahman, M. M. 1978. Pathogenic characteristics of two selected isolates of Newcastle disease virus from Bangladesh. *Bang Vet J* . **12(1-4)** : 35 - 42.

Huovilainen, A.; Ek-Kommone, C.; Manvell, R. e Kinnunen, L. 2001. Phylogenetic analysis of avian paramyxovirus 1 strains isolated in Finland (Análise filogenética de estirpes de paramixovírus aviário 1 isoladas na Finlândia). *Arch Virol.* **146(9)** : 1775 - 85.

Islam, M. A.; Ito, T.; Takakuwa, H.; Itakura, C.; e Kida, H. 1994. Aquisição da patogenicidade de um vírus da doença de Newcastle isolado de uma codorniz japonesa por passagem intracerebral em galinhas. 1: *Jpn J Vet Res.* **42(3-4)** : 147 - 56.

Islam, M. A.; Rahman, M. M.; Adam, K. H. e Marquardt, O. 2001. Epidemiological implications of the molecular characterization of foot and mouth disease virus isolated from 1996 and 2000 in Bangladesh (Implicações epidemiológicas da caraterização molecular do vírus da febre aftosa isolado em 1996 e 2000 no Bangladesh). *Virus Genes.* **23** : 203 - 210.

Jestin, V. e Jestin, A. 1991. Deteção do ARN do vírus da doença de Newcastle em fluidos alantóicos infectados por amplificação enzimática in vitro (PCR). *Arch Virol.* **118** : 151 - 161.

Kamaraj, G.; Nachimuthu, K. e Kumanan, K. 1998. Isolamento e caraterização de estirpes do vírus da doença de Newcastle de aves deshi. *Ind J Ani Sci.* **68 (1)** : 43 - 45.

Kant, A.; Koch, G.; Van Roozelaar, D. J.; Balk, F. e TerHurne, A. 1997. Differentiation of virulent and non-virulent strains of Newcastle disease virus within 24 hours by polymerase chain reaction. *Avian Pathol.* **26** : 837 - 849.

Ke, G. M.; Liu, H. J.; Lin, M. Y.; Chen, J. H.; Tsaj, S. S. e Chang, P. C. 2001. Molecular characterization of Newcastle disease viruses isolated from recent outbreaks in Taiwan (Caracterização molecular dos vírus da doença de Newcastle isolados de surtos recentes em Taiwan). *J Virol Methods.* **97 (1-2)** : 1 - 11.

Kho, C. L.; Mohd-Azmi, M. L.; Arshad, S. S. e Yusoff, K. 2000. Performance of an RT-nested PCR ELISA for detection of Newcastle disease virus. *J Virol Methods.* **86(1)** : 71 - 83.

Kida, H. e Yanagawa, R. 1981. Classificação dos paramixovírus aviários por imunodifusão com base na especificidade antigénica dos seus antigénios da proteína M. *J Gen Virol.* **52** : 103 - 111.

Kinde, H.; Hullinger, P. J.; Charlton, B.; McFarland, M.; Hietala, S. K.; Velez, V.; Case, J. T.; Garber, L.; Wainwright, S. H.; Mikolon, A. B.; Breitmeyer, R. E. e Ardans, A. A. 2005. Isolamento do vírus exótico da doença de Newcastle (END) de espécies aviárias não avícolas associadas à epidemia de END em frangos no sul da Califórnia: 2002-2003. *Avian Dis.* **49(2)** : 195 - 8.

King, D. J. e Seal, B. S. 1998. Biological and molecular characterization of Newcastle disease virus (NDV) field isolates with comparisons to reference NDV strains. *Avian Dis.* **42(3)** : 507 - 16.

Kou, Y. T.; Chueh, L. L. e Wang, C. H. 1999. Análise do polimorfismo de comprimento de fragmentos de restrição do gene F dos vírus da doença de Newcastle isolados de galinhas e de uma coruja em Taiwan. *J Vet Med Sci.* **61(11)** : 1191 - 5.

Krzysztof, S.; Zenon, M. e katarzyna, D. 2006. Deteção do vírus da doença de Newcastle em embriões e tecidos de galinha infectados por RT-PCR. *Bull Vet Inst Pulawy.* **50** : 3 - 7.

Kumanan, K.; Mathivanan, B.; Vijayarani, K.; Gandhi, A. A.; Ramadass, P. e Nachimuthu, K. 2005. Caracterização biológica e molecular de isolados indianos do vírus da doença de Newcastle em pombos. *Ata Virol.* **49(2)** : 105 - 9.

Kwon, H. J.; Cho, S. H.; Ahn, Y. J.; Seo, S. H.; Chol, K. S. e Klm, S. J. 2003. Molecular epidemiology of Newcastle disease in Republic of Korea (Epidemiologia molecular da doença de Newcastle na República da Coreia). *Vet Microbiol.* **95(1-2)** : 39 - 48.

Li, N.; Sun, Y. M. e Zhao, B. H. 2006. Clonagem do gene F do isolado IIeB02 do vírus da doença de Newcastle e estudo da sua vacina de ADN. *Sheng Wu Gong Cheng Xue Bao.* **22(3)** : 445 - 50.

Liu, H.; Wang, Z.; Song, C.; Wang, Y.; Yu, B.; Xheng, D.; Sun, C. e
Wu, Y. 2006. Characterization of pigeon-origin Newcastle disease virus
isolated in china. *Avian Dis.* **50** : 636 - 640.
Liu, X. F.; Wan, H. Q.; Ni, X. X.; Wu, Y. T. e Liu, W. B. 2003.
Caracterização patotípica e genotípica de estirpes do vírus da doença de
Newcastle isoladas de surtos em bandos de galinhas e gansos em algumas
regiões da China durante 1985-2001. *Arch Virol.* **148(7)** : 1387 - 403.
Majid, B. e Peter, S. 2006. Early Events Following Oral Administration of
Newcastle Disease Virus Strain V4 [Eventos precoces após a administração
oral da estirpe V4 do vírus da doença de Newcastle]. *J Poult Sci.* **43** : 408 -
414.
Manin, T. B.; Shcherbakova, L. O.; Bochkov, Iu. A.; El'nikov, V. V.,
Pchelkina, I. P.; Starov, S. K, e Drygin, V. V. 2002. Caraterísticas dos
isolados de campo do vírus da doença de Newcastle isolados no decurso de
surtos nas instalações avícolas da região de Leninegrado em 2000: *Vopr
Virusol.* **47(6)** : 41 - 3.
Mathivanan, K.; Kumanan, K. e Nainar, A. M. 2004. Caracterização do
vírus da doença de Newcastle isolado de galinha-d'angola aparentemente
normal (*Numida melagridis*). *Vet Res Commun.* **28** : 171 - 177.
Mayo, M. A. 2002. Um resumo das alterações recentemente aprovadas
pelo ICTV. *Arch Virol.* **147** : 1655 - 1656.
Meulemans, G.; van den Berg, T. P.; Decaesstecker, M. e Boschmans,
M. 2002. Evolution of pigeon Newcastle disease virus strains (Evolução
das estirpes do vírus da doença de Newcastle dos pombos). *Avian Pathol.*
31 : 515 - 519.
Mishra, S.; Kataria, J. M.; Verma, K. C. e Mishra, J. P. 2000.
Diferenciação de estirpes de vírus da doença de Newcastle através de testes
laboratoriais. *Ind J Ani Sci.* **70 (4)** : 346 - 348.
Mohan, M. C.; Dey, S. e Kumanan, K. 2005. Alterações moleculares do
gene da proteína de fusão do vírus da doença de Newcastle velogénico
adaptado a fibroblastos de embriões de galinha: efeito na sua
patogenicidade. *Avian Dis.* **49** : 56 - 62.
Murakawa, Y.; Takase, K.; Sakamoto, K.; Suesoshi, M. e Nagatomo,
H. 2000. Caracterização de um vírus lentogénico da doença de Newcastle
isolado de frangos de carne no Japão. *Avian Dis.* **44(3)** : 686 - 90.
Nanthakumar, T.; Kataria, R. S.; Tiwari, A. K.; Butchaiah, G. e
Kataria, J. M. 2000. Pathotyping of Newcastle disease viruses by RT-PCR
and restriction enzyme analysis. *Vet Res Commun.* **24(4)** : 275 - 86.
Noguera, C. de.; Leon, A.; Infante, D.; Rolo, M. de.; Sanchez, R. e
Herrera, A. 2002. Isolamento, patogenicidade e estudo de algumas
propriedades biológicas de uma estirpe do vírus da doença de Newcastle.
*Revista cientifica, Facultad de Ciencias Veterinarias, Universidad del
Zulia.* **12(1)** : 60 - 63.
OIE 1996. Doença de Newcastle. Manual de normas da OIE para testes de
diagnóstico e vacinas (pp. 161 - 169). Paris: Gabinete Internacional das

Epizootias.

Otim, M. O.; Christensen, H.; Jorgensen, P. H.; Handberg, K. J. e Bisgaard, M. 2004. Caracterização molecular e estudo filogenético de isolados do vírus da doença de Newcastle provenientes de surtos recentes no leste do Uganda. *J Clin Microbiol.* **42(6)** : 2802 - 5.

Pedersen, J. C.; Reynolds D. L. e Ali, A. 2000. Sensibilidade e especificidade de um ensaio RT-PCR para o pneumovírus aviário (estirpe Colorado). *Avian Dis.* **44** : 681- 685.

Peroulis, I. e O'Riley, K. 2004. Deteção de paramixovírus aviários e de vírus da gripe nas populações de aves selvagens em Victoria. *Aust Vet J.* **82(1-2)** : 79 - 82.

Peroulis-Kourtis, I.; O'Riley, K.; Grix, D.; Condron, R. J. e Ainsworth, C. 2002. Molecular characterization of Victorian Newcastle disease virus isolates from 1976 to 1999. *Aust Vet J.* **80(7)** : 422 - 4.

Perozo, F.; Villegas, P.; Estevez, C.; Alvarado, I. e Purvis, L. B. 2006. Utilização de papel de filtro FTA para a deteção molecular do vírus da doença de Newcastle. *Avian Pathol.* **35(2)** : 93 - 8.

Pham, H. M.; Konnai, S.; Usui, T.; Chang, K. S.; Murata, S.; Mase, M.; Ohashi, K. e Onuma, M. 2005. Deteção e diferenciação rápidas do vírus da doença de Newcastle por PCR em tempo real com análise da curva de fusão. *Arch Virol.* **150(12)** : 2429 - 38.

Pham, H. M.; Nakajima, C.; Ohashi, K. e Onuma, M. 2005. Amplificação isotérmica mediada por laço para deteção rápida do vírus da doença de Newcastle.1: *J Clin Microbiol.* **43(4)** : 1646 - 50.

Reed, L. J. e Muench, H. 1938. Um método simples para estimar os pontos finais de cinquenta por cento. *Amer J Hyg.* **27** : 493 - 497.

Reynolds, D. L. e Maraqa, A. D. 1999. Um ensaio rápido de neutralização do vírus da doença de Newcastle com a linha de células contínuas testiculares de suínos. *Avian Dis.* **43(3)** : 564 - 71.

Roy, P. e Venugopalan, A. T. 1999. Dot-enzyme linked immunosorbent assay for demonstration of Newcastle disease virus infection. *Comp Immunol Microbiol Infect Dis.* **22(1)** : 27 - 31.

Roy, P.; Venugapalan, A. T. e Manvell, R. 2000. Characterisation of Newcastle disease viruses isolated from Chickens and Ducks in Tamilnadu (Caracterização dos vírus da doença de Newcastle isolados de galinhas e patos em Tamilnadu). *Ind Vet Res Commun.* **24(2)** : 135 - 142.

Schelling, F.; Thur, B.; Griot, C. and Audige, L. (1999) Epidemiological study of Newcastle disease in backyard poultry and wild bird populations in Switzerland. *Avian pathol.* **28(3)** : 263 - 72.

Seal, B. S.; Wise, M. G.; Pedersen, J. C.; Senne, D. A.; Alvarez, R.; Scott, M. S.; King, D. J.; Yu, Q. e Kapczynski, D. R. 2005. Sequências genómicas de isolados de paramixovírus aviário-1 (vírus da doença de Newcastle) de baixa virulência obtidos em mercados de aves vivas na América do Norte não relacionados com estirpes de vacinas comerciais habitualmente utilizadas. *Vet Microbiol.* **106(1-2)** : 7 - 16.

Singh, K.; Jindal, N.; Gupta, S. L.; Gupta, A. K. e Mittal, D. 2005.
Deteção do genoma do vírus da doença de Newcastle a partir de surtos de
campo em aves de capoeira por transcrição reversa - reação em cadeia da
polimerase. *Int J Poult Sci.* **4(7)** : 472 - 475.

Stauber, N.; Brechtbuhl, K.; Bruckner, L. e Hofmann, M. A. 1995.
Deteção do vírus de Newcastle em vacinas de aves de capoeira utilizando a
reação em cadeia da polimerase e a sequenciação direta do ADN
amplificado. *Vaccine.* **13** : 360 - 364.

Stephen, W.; Rao, S. B. V. e Agarwal, K. K. 1975. Standard methods for
the examination of avian pathogens. *Fed Reg.* **42(15)** : 434.

**Subramanian, B. M.; Raj, G. D.; Kumanan, K.; Nachimuthu, K. e
Nain- ar, A. M. 2004.** Interação entre os genomas dos vírus da bronquite
infecciosa e da doença de Newcastle estudados por transcrição reversa -
reação em cadeia da polimerase. *Ata Virol.* **48(2)** : 123 - 9.

**Takehara, K.; Shinomiya, T.; Kobayashi, H.; Azumi, Y.; Yamugani, T.
e Yoshimura, M. (1987).** Caracterização dos vírus da doença de Newcastle
isolados de casos de campo no Japão. *Avian Dis.* **31(1)** : 125 - 129.

Tan, S. W.; Omar, A. R.; Aini ,I.; Yusoff, K. e Tan, W. S. 2004. Deteção
do vírus da doença de Newcastle utilizando uma reação em cadeia da
polimerase em tempo real SYBER Green I. *Ata Virol.* **48(1)** : 23 - 8.

**Tiwari, A. K.; Kataria, R. S.; Nanthakumar, T.; Dash, B. B. e Desai, G.
2004.** Differential detection of Newcastle disease virus strains by
degenerate primers based RT-PCR. *Comp Immunol Microbiol Infect Dis.*
27(3) : 163 - 9.

**Toro, H.; Hoerr, F. J.; Farmer, K.; Dykstra, C. C.; Roberts, S. R. e
Perdue, M. 2005.** Pigeon paramyxovirus: association with common avian
pathogens in chickens and serologic survey in wild birds. *Avian Dis.* **49(1)** :
92 - 8.

**Tsai, H. J.; Chang, K. H.; Tseng, C. H.; Frost, K. M.; Manvell, R. J, e
Alexander, D. J. 2004.** Caracterização antigénica e genotípica dos vírus da
doença de Newcastle isolados em Taiwan entre 1969 e 1996. *Vet
Microbiol.* **104(1-2)** : 19 - 30.

**Ujvari, D.; Wehmann, E.; Kaleta, E. F.; Werner, O.; Savic, V.; Nagy,
E.; Czifra, G. e Lomniczi, B. 2003.** Phylogenetic analysis reveals
extensive evolution of avian paramyxovirus type 1 strains of pigeons
(*Columba livia)* and suggests multiple species transmission. *Virus Res.* **96
(1-2)** : 63 - 73.

Wambura, P.; Meers, J. e Spradbrow, P. 2006. Determinação do
tropismo de órgão do vírus da doença de Newcastle (estirpe I-2) por
isolamento do vírus e reação em cadeia da polimerase com transcrição
inversa. *Vet Res Commun.* **30(6)** : 697 - 706.

Wang, Z.; Vreede, F. T.; Mitchell, J. O. e Viljoen, G. J. 2001 Deteção e
diferenciação rápidas de isolados do vírus da doença de Newcastle através
de uma RT-PCR tripla numa só etapa. 1: *Onderstep J Vet Res.* **68(2)** : 131 -
4.

Wilde, A.; McQuain, C. e Morrison, T. G. 1986. Identificação do conteúdo sequencial de quatro transcritos policistrónicos sintetizados em células infectadas com o vírus da doença de Newcastle. *Virus Res.* **5** : 77 - 95.

Wise, M. G.; Suarez, D. L.; Seal, B. S.; Pedersen, J. C.; Senne, D. A.; King, D. J.; Kapczynski, D. R. e Spackman, E. 2004. Desenvolvimento de uma PCR de transcrição reversa em tempo real para a deteção do ARN do vírus da doença de Newcastle em amostras clínicas. *J Clin Microbiol.* **42(1)** : 329 - 38.

Yu, L.; Wang, Z.; Jiang, Y.; Chang, L. e Kwang, J. 2001. Characterization of newly emerging Newcastle disease virus isolates from the People's Republic of China and Taiwan (Caracterização de novos isolados emergentes do vírus da doença de Newcastle da República Popular da China e de Taiwan). *J Clin Microbiol.* **39(10)** : 3512 - 9.

Zanetti, F.; Berinstein, A.; Parade, A.; Taboga, O. e Carrillo, E. 2005. Caracterização molecular e análise filogenética de isolados do vírus da doença de Newcastle provenientes de aves selvagens saudáveis. *Avian Dis.* **49(4)** : 546 - 50.

Printed by Books on Demand GmbH, Norderstedt / Germany